いやでも数学が面白くなる

「勝利の方程式」は解けるのか？

志村 史夫 著

ブルーバックス

●カバー装幀／芦澤泰偉・児崎雅淑
●カバーイラスト／星野勝之
●本文デザイン・図版制作／鈴木知哉＋あざみ野図案室

はじめに

本書は，拙著『いやでも物理が面白くなる〈新版〉』(2019年3月，講談社ブルーバックス刊）の姉妹編としての「数学の本」ではあるが，私は数学者でも，数学の専門家でもない。物理学分野の研究者として，数学を「利用」してきた者である。

物理学の分野で数学の恩恵に大いに浴してきたばかりでなく，誰にとっても「数学」，あるいは「数学的な考え方」が日常生活の中でも大いに役立つものであることを痛感した私は，「数学の面白さ」と「数学は実生活に役立つものである」ということを知らずに人生を終えるのは，いかにももったいないという確信にいたった。

本書のコンセプトは，『いやでも物理が面白くなる』と同様，読者に「数学食わず嫌い」「数学アレルギー」を捨ててもらい，「誰でも数学が好きになる」「誰でも数学が面白くなる」「数学をちょっとでも知ると日常生活，さらには人生がとても楽しく豊かになる」ということを知ってもらうことである。

したがって，“数学マニア”が好みそうな話題や個々の項目の“細かい話”については，すでに多数出版されている他のブルーバックスに任せ，本書では深く立ち入らない。

また，面倒な数式や数字の羅列も極力避ける方針を掲げる。

世の中には，特に「文系」とよばれる人，あるいは「文系」を自認する人に，「数学が嫌い」「数学が苦手」という人がじつに多い。私自身の学校時代の思い出や大学で数学を教えた経験からいえば，数学をそのように思わせてしまう元凶は，間違いなく，「面白くない教科書」と「面白くない授業」である。

しかし，学校での授業の目的が「試験でよい点を取る」ことにあるとすれば，「面白くない教科書」と「面白くない授業」を責めるのは酷だと私は思っている。

「試験でよい点を取る」ためには，教科書に書かれていることや公式を暗記し，試験問題を短時間で効率よく解く（必ずある「答え」を見つける）技術を身につける「勉強（訓練）」をしなければならない。このような「勉強（訓練）」が面白いはずがない。一言でいえば，数学の面白みや楽しみは本来「考えること」にあるのに，学校の試験のために，数学が「暗記科目」になってしまっているからである。

たとえ「そのような数学」であっても，将来の人生に確実に役立つものであるならば，それなりに苦行する価値もあるだろう。

しかし，大学で数学を教えてきた者としてはいいにくいことではあるが，私自身の経験からいっても，「試験のための数学」が人生に大いに役立つものとは決して思えないのである。事実，特殊な職業についている人を除けば「数学」とはまったく無縁だろうし，また，無縁であっても実生活にはなんら支障がないのではないか。

近代科学の父・ガリレイは「自然の書物は数学の言葉によって書かれている」と述べているが，私は，数学あるいは数式を「外国語」の一種だと思っている。外国へいったとき，外国語ができなくてもなんとかなるだろうが，多少でも外国語を理解できたほうが何かと便利だし，滞在中の楽しみも格段に拡がる。それと同じように，数学あるいは数式という「外国語」は，自然現象のみならず社会現象を理解するのに大いに役立つ。

たとえば，どんな仕事や勉強にも，それぞれに重要度と緊急度があるだろう。「重要かつ緊急」なものには迅速に取り組む必要があるし，「重要でも緊急でもない」ことなら後回しにして差し支えない。では，「重要ではあるが緊急ではない」ものはどうするか？

そのような場合に，数学が得意とする論理的な検討と，それを一目瞭然に図示してくれるグラフや座標が役に立つ。数学は日常生活において，「思考を整理し，筋道立てて考える」道具として，大いに役立ってくれるのだ。

そして，本書の大きな特色の一つは，そのような数学の応用範囲の拡大が，どのように成されてきたかを興味深いエピソードを交えて紹介することにある。

たとえば，グラフを作成するのに不可欠な「座標」の発想のヒントになったのが，ある身近な生きものだったことをご存じだろうか。科学史に燦然（さんぜん）とその名を遺す天才・デカルトがあるとき，その生きものならではの行動を見ていて，座標の着想を得たのだが，はたしてその生きものの正体は……？　本文を楽しみにしていただきたい。

また，数学史に革命を起こした「ゼロの発見」はまさしく偉大な発明だが，その発明者はインド人であるという定説を覆（くつがえ）す史実も本文中で紹介する。

私はもう一度，声を大にして申しあげたい。

人生，「数学の面白さ」と「数学は実生活に役立つものである」ということを知らずに終えるのは，いかにももったいないのである。数学は，ものごとを「筋道立てて考える」ことを教えてくれる。「試験のための暗記」の呪縛から解放されれば，誰でも「考えること」の楽しさを実感できるし，そのような楽しみを通して「頭」は間違いなく活性化する。

もっと単純にいえば，物理と同様に，数学の面白さをちょっとでも知ると，日常生活ひいては人生がとても楽しく，豊かになるのである。**このような数学**を知らずに人生を終えるのは，ほんとうにもったいないではないか。

姉妹編である『いやでも物理が面白くなる〈新版〉』と本書の２冊が，読者の楽しく，豊かな人生への「虹のかけはし」になってくれれば，著者にとって，これ以上の喜びはない。

contents

「思考を整理する道具」グラフと関数

数式はすごい

微（かす）かに分ける「微分」
―― 本質を理解する「分割の思想」

分けたものを積む「積分」

数は人類の叡智の極致である
——万能な記号としての「数」の誕生

私たちの周囲の事物や現象を記述したり，理解したり，他人とのコミュニケーションをはかるうえで，“数”は不可欠な存在である。それにもかかわらず，“数”は空気や水と同じように，いつも，私たちのそばに，あまりにも当然のごとく存在するので，私たちは“数のありがたさ”を意識することがほとんどない。

しかし，毎日の生活の中で，時刻や時間を表す数に始まり，物品の購入や金銭の授受，経費の精算，作成資料の部数，あらゆるデータの数値化などなど，あらためて“数のありがたさ”を意識することは，数を粗末に扱わず，数に慎重になり，けじめある生活を送るうえで大切なことに思える。

また，そのような数の歴史とありがたさを知ることが，数学への親近感と興味にもつながることは間違いない。

1-1 700万年を要した数の発明

「本能」から「記号」へ

きくところによると，鶏は「ひとつ，ふたつ，たくさん」と数えるらしい。だから，3個の卵から1個取ってしまうと，取られたことに気づくが，4個の卵から1個取っても気づかないのだという。

これが事実だとすれば，鶏は，そしてほかの生きものも，明らかに数を数えている。自分自身の幼児体験から考えても，私たちも「ひとつ，ふたつ，みっつ，……」と数えることを本能的に知っていたような気がする。私たちの場合，数える道具としては，ごく自然に，最も身近な左右の手の指が大いに役立ったに違いない。

ちなみに，ある量，またはデータを連続的に変化する量として表現する「アナログ（analog）」に対し，ある量，またはデータを有限桁の数字列として表現する「デジタル（digital）」という言葉がしばしば使われるが（たとえば「デジカメ」の「デジ」はこの「デジタル」である），これは「（手足の）指」を意味する“digit”の派生語である。

しかし，「数えた結果」を表現する記号としての数が発明され，“数の概念”が生み出されるまでには，気の遠くなるような長い年月を要した。

紀元前3000年，メソポタミア南部のバビロニアに文明を興したシュメール人は，早くから文字と数記号を持っていたと考えられているが，それは，地球上に人類が誕生してからじつに700万年後のことであり，私たちの直接の祖先であるホモ・サピエンスが誕生してからも15万〜20万年後のことである。

木や石に乏しいメソポタミアでは，川が運んできた多量の粘土を使って記録用の粘土板がつくられた。粘土板が軟らかいうちに，葦（あし）の茎を尖（とが）らせたペンで記した，いわゆる楔形（くさびがた）文字がこんにちに伝えられている。数字も楔形で，∨と>と<の3種の基本楔形で表され，10進法と60進法（後述）が混用されていた。

粘土板に刻まれた数学文書もいくつか発見されている。

数	エジプト象形文字	
1	[hieroglyph]	棒
10	[hieroglyph]	籠の取っ手
100 (10^2)	[hieroglyph]	巻いたロープ
1,000 (10^3)	[hieroglyph]	蓮の花
10,000 (10^4)	[hieroglyph]	食指
100,000 (10^5)	[hieroglyph]	オタマジャクシ
1,000,000 (10^6)	[hieroglyph]	神

図1−1　エジプトの数記号

紀元前19世紀〜紀元前16世紀頃の古バビロニア時代のものには，さまざまな商業的取引，農地の収穫量，土地の面積，借入金の記録，税収などの事務計算や土木計算が，また，紀元前6世紀頃の新バビロニア時代のものには天文計算が記されているそうである。

バビロニアの数学とほぼ同時期に並行して誕生したエジプト数学に使われた数記号は，図1-1に示すように他のエジプト文字と同じような象形文字である。10の位ごとに，それぞれ異なる記号を配しており，基本的には10進法である。バビロニアとは違って，エジプトでは現代の紙につながるパピルスに記録された。

科学的に興味深い内容が記されたパピルスも，15点ほど発見されている。それらの中で，最古のものと考えられているのはヒクソス王朝時代の紀元前17世紀に書かれた“リンド・パピルス”で，長方形や円，三角形や台形の面積の計算方法が記されている。

美しい調和──「純粋数学」の誕生

バビロニアやエジプトの数学は，いわば実用的なものであり，実生活に密接な関わりを持つ個別的，経験的，具体的な知識だった。これに対し，数学を統一的，理論的，抽象的な体系に築き上げたのは古代ギリシャ人である。ここに，「純粋数学」が誕生する。

ピタゴラス（前570頃〜前500頃）は「ピタゴラスの定理（三平方の定理）」などで「数学者」として有名である。しかし，彼の数学上の業績はいずれも，じつは，紀元前5世紀〜紀元前4世紀の「ピタゴラス学派」の人たちによるものである。ピタゴラスは紀元前6世紀後半，哲学・数学・音楽・天文学の殿堂を設立したが，それは秘密主義の宗教結社のようなものだった。そしてピタゴラスは，その開祖として神格化され，紀元前4世紀にはすでに神秘的な存在になっていた。

ピタゴラス学派の教義は，「宇宙には美しい数の調和がある」というものだった。ピタゴラス学派に属したピロラオス（前470頃〜前385頃）は，「認識されるものはすべて数を持つ，というのは数なくしては何ひとつ思惟（しい）されることも認識されることもできないからである」「数は世界の諸事物が永遠に存続しつづけるためのもっとも強力で自主的な紐帯（ちゅうたい）である」（内山勝利編『ソクラテス以前哲学者断片集 第Ⅲ分冊』岩波書店，1997）と述べている。

ところで，「数学」は英語では“mathematics”だが，これはギリシャ語の“mathema（学ばれるもの）”を起源とす

Ι	Γ	Δ	Η	Χ	Μ
1	5	10	100	1,000	10,000

𐅄	𐅅	𐅆	𐅇
50	500	5,000	50,000

ⓐアッチカ記号

α	β	γ	δ	ε	ϛ	ζ	η	θ	ι	κ	λ	μ	ν	ξ	ο	π	ϙ
1	2	3	4	5	6	7	8	9	10	20	30	40	50	60	70	80	90

ρ	σ	τ	υ	φ	χ	ψ	ω	ϡ	͵α	͵β
100	200	300	400	500	600	700	800	900	1,000	2,000

͵γ	Μ	$\overset{\beta}{\mathrm{M}}$	$\overset{\gamma}{\mathrm{M}}$
3,000	10,000	20,000	30,000

ⓑアルファベット記号

図1−2　古代ギリシャの数字

る“mathematike（学問の技術）”が語源である。この言葉を，こんにちの「数学」の意味で初めて用いたのがピタゴラス学派だった。「数学はすべての学問の礎（いしずえ）である」ということなのだ。

数学の統一的，理論的な体系を築き上げたのは古代ギリシャ人だが，彼らが用いた数字がバビロニアやエジプトの数字より優れていた，というわけではない。

古代ギリシャでは，図1-2ⓐに示すような“1”を表す“Ｉ”を除いては，ギリシャ語の数詞の頭文字を数字に使っていた。紀元前7世紀頃からアテネを中心とするアッチカ地方で用いられていたので，「アッチカ記号」とよばれている。

たとえば，“Γ”は“5”を表す“ΠENTE”の頭文字「Π」の古い形であり，“X”は“1000”を表す“XIΛIOI”の頭文字である。また，紀元前5世紀頃からは，図1－2ⓑに示すように，ギリシャ語のアルファベットで順次，数を表す“アルファベット記号”が用いられた。

いずれにせよ，このような表記では大きな数の表示は複雑になり，計算などの作業にとってきわめて不便なものであることは明らかである。

1-2 さまざまな数
──「ゼロの発見」が拡張した世界

算用数字の誕生 ── その発祥はアラビアにあらず

バビロニア，エジプト，ギリシャで使われた古代の数字を見てきたが，現代の私たちが使っている「1234567890」という数字に話を進めよう。

これらの数字は，一般に“アラビア数字”とよばれている。そのため，アラビアに起源があると思われがちだが，実際の起源はインドにある。

インドで数字の使用が確認されるのは，古くは紀元前3世紀のアショーカ王碑文においてであるが，図1－3に示すような「ブラーフミー数字」が記録された最古のものはサンケーダで発見された銅板の碑文で，そこに記載されている年号から6世紀末期のものと考えられている。

このブラーフミー数字がアラビアを経て中世ヨーロッパに拡がり，現在の形に定着したのである。そのような経緯を考えれば，私たちが使っている数字は“インド・アラビ

インド・ブラーフミー数字（6世紀頃）	१	२	३	४	५	६	७	८	९	०
アラビア数字（12世紀頃）	١	٢	٣	۴	٤	٦	٧	٨	٩	٠
インド・ブラーフミー数字（15世紀頃）	1	2	3	4	5	6	7	8	9	0
現在の算用数字	1	2	3	4	5	6	7	8	9	0
現在のアラビア数字	١	٢	٣	٤	٥	٦	٧	٨	٩	٠

図1−3　算用数字の変遷

ア数字”とでもよばれるべきであるが，以下，混乱を避けるために“算用数字”とよぶことにする。

面白いことに，**現在の**アラビアで市場の値札や車のナンバープレートなどに使われている数字は，私たちがふだん用いる算用数字，すなわち“アラビア数字”とはまったく異なるもので，私自身，30年ほど前にアラビアへいった際に大いに面食らった経験がある。

ちなみに，わが国で算用数字を最初に紹介したのは，1857年に柳河春三（しゅんさん）が著した『洋算用法』で，明治政府が学制を布（し）いた明治5（1872）年の最初の数学（代数）の教科書では算用数字が使われている（伊達宗行著『「数」の日本史』日本経済新聞社，2002）。

わが国で算用数字が一般に使われるようになるのは，それ以降のことである。

画期的だった「ゼロ」の発見

数学史上，本書でも紹介する微分・積分法，座標系など，画期的な発見は少なからず存在するが，最も画期的で最大の発見はなんといっても「ゼロ（0）」だろう。

ゼロ（0）を導入することによって，「位取り（くらいどり）」による記数法が可能になったからである。ゼロ（0）のおかげで，1から9，そして0の，計10個の数字を用いるだけで，あらゆる数字を自由に表し得るようになった。

たとえば，“三十二”と“三百二十”と“三百二”を区別するには，“空位”を表す“0”が必要不可欠である。空位を表す記号なしには，位取り記数法は成り立たない。

ゼロ（0）が存在しないエジプトやギリシャ，ローマなどの記数法では，桁数が1つ増えるごとに新たな数字が必要になる。また，ゼロ（0）を含む記数法によれば，2つの数の大小が一目で判定できることも大きな利点である。

さらに，私たちはふだん，簡単な計算は筆算で行うが（いまや「電卓やスマホがなかった時代には」というべきか），筆算が行えるのはゼロ（0）を持つ記数法ならではのことである。

こんにちの科学，技術，そして工学の発展は数と数学の存在なくしてはあり得ない。そういう意味で，“ゼロの発見”なくしてこんにちの科学・技術文明はあり得なかったといっても決して過言ではないだろう。私自身，長年，物理の分野で仕事をしてきたが，たとえば，“マイナス（−）の数”も“マイナス（−）の概念”もゼロ（0）なくしてはあり得ないのだから，「もし，ゼロ（0）が存在しなかったら……」ということは，とても想像すらできない。

「ゼロの発見者」は誰か

ところで，私は長らく，ゼロ（0）の発見者はインド人だと思っていた。

前述のように，数学史の中でバビロニア，エジプト，ギリシャ人の功績は避けて通れないが，ゼロ（0）の発見者が彼らではなくてインド人であったのは，インド哲学（佛教思想）に脈々と流れる「空（くう）の思想」「空の論理」と無関係ではないと思い込んでいたからだ。名著として知られる『零の発見』（吉田洋一著，岩波新書，1939）でも，“ゼロの発見”はひたすら“インド人の天才”に帰されている。

ゼロ（0）がいつ，誰に発見されたのかについては，「7世紀のはじめ頃，インド人の数学者ブラーマグプタによる」というのが定説である。

ところが，古代インド人による“ゼロの発見”に遡（さかのぼ）ること1000年も前に，古代マヤ人が「何も数字が入らない」ことを表すための記号として，ゼロに相当する文字を発明していたのである（拙著『古代世界の超技術』講談社ブルーバックス，2013）。これが，人類史上最初のゼロの文字である。

しかし，古代マヤ人は，ブラーマグプタが「いかなる数に零を乗じても結果は常に零である」また「いかなる数に零を加減してもその数の値に変化が起こらない」（前掲『零の発見』）と定義したような“数字”としては扱っていなかったために，「数学史」の中では“ゼロの発見”として認められていない。だが，ゼロ（0）が数表記（記数法）に使われていたのは事実なのであるから，私はやはり，「ゼロ（0）の発見者は古代マヤ人」とするのが正しいのではないかと思う。

前掲の拙著を書くに際し，私は40年ほど前に読んだ『零の発見』を読み直してみた。最初に読んだときには読み過ごしてしまったのか，まったく記憶になかったのだが，そのとき，次のような記述を見つけた。

実をいえば，比較的近ごろの研究によって，中部アメリカのマヤ族——この種族は十六世紀ごろ絶滅してしまった——は，およそ西暦紀元のころ，二十進法における完全な位取り記数法をもっていたことがわかってきた。ただ，これは現代の文化とはぜんぜん交渉のない文化の上でのことなので，ここでは当然問題のほかにおくべきであろうと思われる。
（傍点引用者）

残念ながら私には，傍点部の意味が，何度読んでも理解できない。著者の吉田洋一はここで，いったい何をいいたいのか。私にはさっぱりわからないのである。

付言すれば，「この種族は十六世紀ごろ絶滅してしまった」という記述は明らかに誤りである。マヤ文明は16世紀にスペイン人に破壊されたが，マヤ低地やマヤ高地などに居住する800万人以上のマヤ人が現在も“生きている文化”を保っているだけでなく，力強く創造し続けている。

最小公倍数を知っていた古代マヤ人

数を数えるとき，私たちは普通1，2，3，…と数えていき，10で桁上げをする。これは「10進法」とよばれる数え方で，その起源は，明らかに私たちの手の指の数が10本であることに深く関わっている。指を使って数を数え，その数が10になると一杯になり，桁上げの必要が生じた。これと同じ考え方でいえば，イカも10進法でよいが，タコには8進法が好都合である。

さて，前述の古代マヤ人は「20進法」を用いていたが，これは彼らが，手だけでなく手足両方の指（計20本）を使って数を数えていたことによる。私には足の指を手の指のように自由に動かすことはできないが，彼らはみな，足の指も手の指と同様に動かすことができたのだろうか。さもなければ，20進法が発達することはなかったであろう。じつに興味深いことである。

ちなみに，インカ帝国では10進法が使われていた。地理的に近い中南米の文明下で，20進法と10進法の違いがあるのはなぜなのだろう？

これもまた興味深い事実であるが，いずれにせよ，メソアメリカ文明の20進法が特殊なのである。

マヤの数字と数表記を図1-4に示す。

数字は，1を「●（点）」，5を「▬（棒）」，そしてゼロ（0）をマヤ文字の貝「」で表している。19は「〈▬（棒）×3=15〉+〈●（点）×4=4〉」で表される。20進法では20で桁上げされるので，20は「20×1+0」になる。例として，「77」と「512」の表記法を示しておく。

マヤ文明を知る手がかりとして，遺跡に遺された壁画や石碑のほかに「コデックス」とよばれる文字と絵で記された絵文書がある。古代マヤには，天文学や儀式，神話など

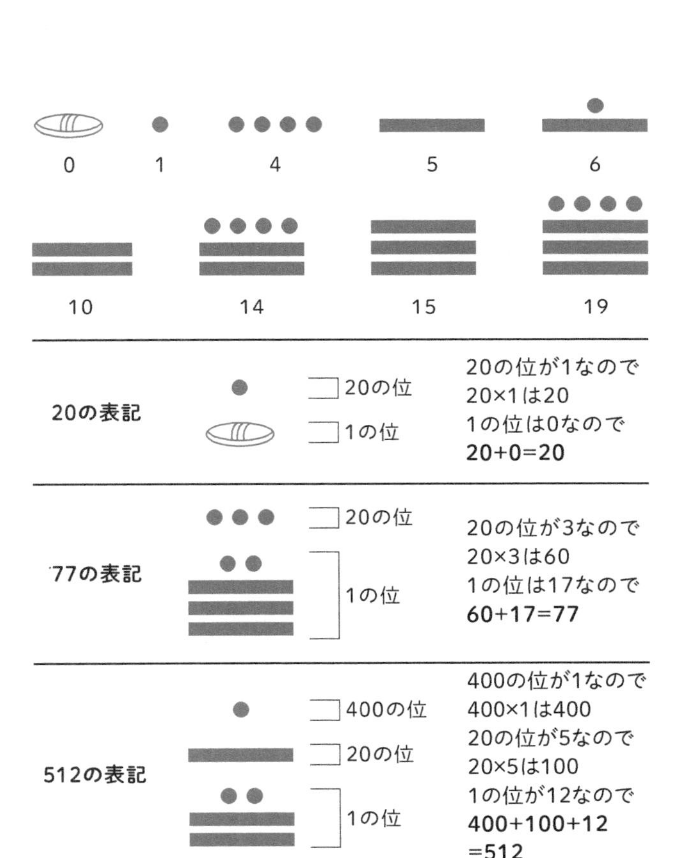

図1−4　マヤの数字と数表記（大貫、加藤、関編『古代アンデス』朝日選書、2010より）

を記したたくさんの絵文書が存在したはずであるが，16世紀にマヤ文明を破壊したスペイン人による野蛮な焚書のためにそのほとんどが失われ，現存するのは「マドリー・コデックス」「パリ・コデックス」「ドレスデン・コデックス」「グロリア・コデックス」とよばれるわずか４冊のみである。

それらコデックスはいずれも，イチジク科の木の繊維を織り込んだアマテ紙に白い漆喰を塗った上に細いペンで書かれている。文字は赤と黒で，図はさらに青，黄，緑，茶で彩色されている。「ドレスデン・コデックス」にはマヤの種々の暦，月，金星，新年の儀式などが書かれているが，なかでも興味深いのは，“マヤの数学”に関わる金星についての記述である。

地上から見た金星の１年は584日で，５年が地球（365日／年）の８年分にあたるということが，「584×5＝365×8」という書き方で記されているそうである。この記述は，“マヤの数学”が最小公倍数や最大公約数を計算できたことを意味しており，因数分解もできたのではないかと推測されている。

古代マヤでは365日暦や260日暦をはじめ，さまざまな周期の暦を複雑に組み合わせて用いていたが，その根底には，最小公倍数・最大公約数，因数分解などの数学的知識があったと思われる。

情報通信技術を支える２進法

私たちが日常的に用いる10進法に加えて，現代生活で不可欠なのが「２進法」である。

それは，コンピュータによる情報処理が「ON（1または0）」と「OFF（0または1）」の組み合わせで行われ，計算には0と1からなる2進法が使われるからである。2進法では2で桁上げされるので，表1－1に示すように，10進法と比べると表記が長くなって厄介に思えるが，表記法自体，また計算過程はきわめて単純明快である。

10進法	2進法
0	0
1	1
2	10
3	11
4	100
5	101
6	110
7	111
8	1000
9	1001
10	1010
11	1011
12	1100
13	1101
14	1110
15	1111
⋮	⋮

表1－1
10進法と2進法との対応

だからこそ，2進法を使った情報処理が異常なまでに発達したのである。2進法なくして，コンピュータはもとより，あらゆる情報通信技術（ICT）の発達はあり得なかった。

10進法や2進法のほかにも，私たちにとって身近なものとして，60秒が1分，60分が1時間とする「60進法」や，12ヵ月が1年，12個が1ダース，12ダースが1グロスとする「12進法」がある。60進法や12進法の歴史的，文化的背景を調べてみるのはとても興味深いことである。当然のことながら，いずれにも，なるほどと思わせる理由がある。

たとえば12進法は，太陽や月の運行，つまり「暦」と密接な関係がある。まことに興味深いことに，日本の縄文時代には，この12進法が使われていた（拙著『古代日本の超技術〈改訂新版〉』講談社ブルーバックス，2012）。

また，英語の数詞において，one（1）からtwelve（12）までには個別の表現（単語）があることにも，12進法の影を見ることができる。英語以外のフランス語やドイツ語，ロシア語，スペイン語，イタリア語などでも同様である。

ゼロを基準に考える

そもそも数は，物を数える必要性から生まれたものである。

幼い頃（私はいまも），指を折りながら「ひとつ，ふたつ，みっつ，……」と物を数えていたように，基本となるのは「1，2，3，…」という数である。このように，1から始まって，次々に1を加えていくことで得られる数を総称して「自然数」とよぶ。まさに“自然な数”である。

1という自然数は，「“何もない”ゼロ（0）より1だけ大きい数」であり，2という自然数は「ゼロ（0）より2だけ大きい数」ということができる。

ところで，ある自然数を割り切ることができる整数を「約数」とよぶ。たとえば，18の約数は1，2，3，6，9，18である。そして，たとえば2，3，5，7，11，13，17，…のように1と自分自身以外に約数がない自然数を「素数」とよぶが，この素数の“現れ方”などにはさまざまな興味深い現象があり，「素数ファン」を自認する人も世界中に少なくない。新しい素数が発見されるたびに社会的な“ニュース”になるくらいで，素数はたしかに“面白い数”なのだが，「素数」をテーマにした本は，ブルーバックスでも『素数入門』『素数が奏でる物語』『素数はめぐる』などすでに多数出版されているので，本書では深入りしないことにする。興味のある読者は，上記の本などを読んでいただきたい。

余談ながら，私が「素数」で思い出すのは，毎世代正確に17年または13年で成虫になって大量発生する“周期ゼミ”のことである。その周期が素数であることから“素数ゼミ”とよばれる彼らは北アメリカ大陸のみに棲息し，大量に発生したあとは次の周期までパタリと姿をくらます。17年周期の“17年ゼミ”が3種，13年周期の“13年ゼミ”が4種存在するという。

なぜ素数である13，17を周期に持つのか？　私にはさっぱりわからないが，いずれにせよ，自然界においても素数がなんらかの特別な意味を持っているのだろう。

さて，“何もない”ゼロ（0）より小さい数はどうすればよいだろうか。

もちろん，物体を「1個，2個，……」と数える場合には“0より小さい数”は論理的に不要である。物体が“0より少なく”存在することはあり得ないのだから。しかし，数は，具体的な物の数量を数えるときにしか使われない，というものではない。もっとずっと便利なものである。

たとえば，水の氷点を0℃，沸点を100℃に定めた温度の場合，氷点（0℃）より低い温度は実際に存在する。私が暮らしている温暖な地でさえ，冬の朝の気温は氷点下になることがある。寒冷地では，昼の気温ですら氷点下だろう。

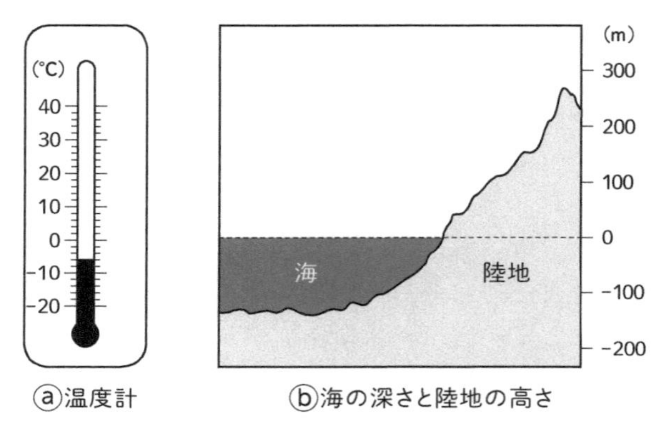

図1−5　負(マイナス)の数の導入

このような場合に導入されるのが，図1−5ⓐに示すような「−（負，マイナス）の数字」であり，0℃より1℃低い温度が−1℃，10℃低い温度が−10℃となる。このように，自然数に“−（マイナス）”をつけた数を，「負の整数」あるいは「マイナスの整数」とよぶ。

これに対し，自然数は「正の整数」あるいは「プラスの整数」とよばれる。

負（−）の数の導入は，ある基準点をゼロ（0）にして，その基準点からの“大・小”を考える場合にとても便利である。

たとえば，図1−5ⓑに示すように，陸地の高さは世界中でほぼ一定の海面の高さをゼロ（0）にしなければ表しようがない。また，海面をゼロ（0）にすれば，海底の深さを負（−）の数で表すのに便利である。

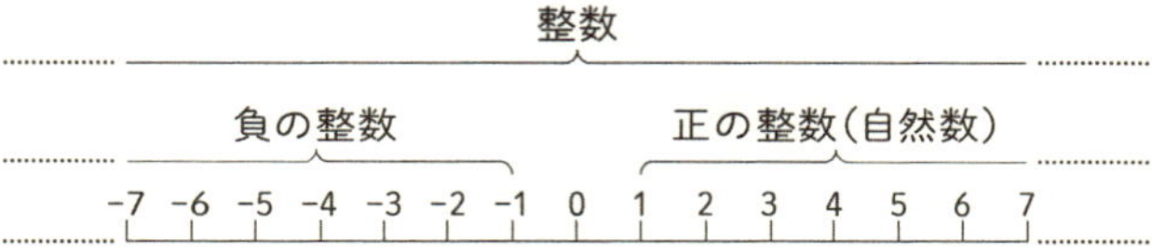

整数

負の整数　　正の整数（自然数）

−7 −6 −5 −4 −3 −2 −1 0 1 2 3 4 5 6 7

図1−6　数直線

数直線の発見

いま，図1−6のように，１本の直線を引いて，その上の一点をゼロ（0）とする。そこから左右に一定の間隔で印をつけ，0から右に1，2，3，…，左へ−1，−2，−3，…とすれば，整数の全体（0も整数の一つ）が一直線上に順序よく定められる。このような直線を「数直線」とよぶ。整数の全体を順序よく定められる数直線自体も，数学史上の大きな発見の一つであろう。

数における“マイナス（−）の概念”は，整数ばかりでなく，後述するすべての数に適用される。私たちは日常的に，この“マイナス（−）の数”から計り知れない恩恵（“マイナスの恩恵”も含む）を受けている。そして，“マイナス（−）の数”も“マイナス（−）の概念”も，ゼロ（0）なくしてはあり得ないのだから，あらためて“ゼロ（0）の発見”の重要性が理解できるだろう。

公約数と公倍数

２つの整数 a，b に対して，a の約数でもあり b の約数でもある整数を a と b の「公約数」という。たとえば，12の約数は1，2，3，4，6，12で，18の約数は1，2，3，6，9，18なので，12と18の公約数は1，2，3，6である。このように，公約数は複数個あるが，当然ながら，どれもaとbを超えることはない。

２つの整数aとbの公約数の中で最大のものを，aとbの「最大公約数」とよぶ。前述のように，１と自分自身以外に約数がない自然数を素数とよぶが，最大公約数が１である２つの整数は「互いに素である」という。

また，aの倍数であり，同時にbの倍数でもある整数をaとbの「公倍数」という。たとえば，２と９の公倍数は18，36，72，…と，いくらでも大きい数が存在する。しかし，これも当然ながら，aとbより小さくなることはない。２つの整数aとbの公倍数の中で最小のものを，aとbの「最小公倍数」とよぶ。

前述の古代マヤの数学は，これら最大公約数と最小公倍数の概念を知っていたのである。

さて，約数も倍数も正の整数である。１はいつも公約数であり，０はいつも公倍数だが，一般的に０は除かれる。

いま思えば，私が長年従事した結晶学において，３次元的原子配列に周期性を持つ結晶構造の単位格子を考えるときに，無意識に公約数と公倍数の考えを使っていたことを懐かしく思い出す。

単位格子（３次元立体）の各軸の長さa，b，cと各稜間の角度α，β，γを格子定数とよぶが，たとえば，シリコン（Si）の上にゲルマニウム（Ge）のように格子定数（単位格子の原子間距離）が異なる物質を成長させるようなことがある。このようなときに考えなければならないのが，両格子定数の最小公倍数だった。

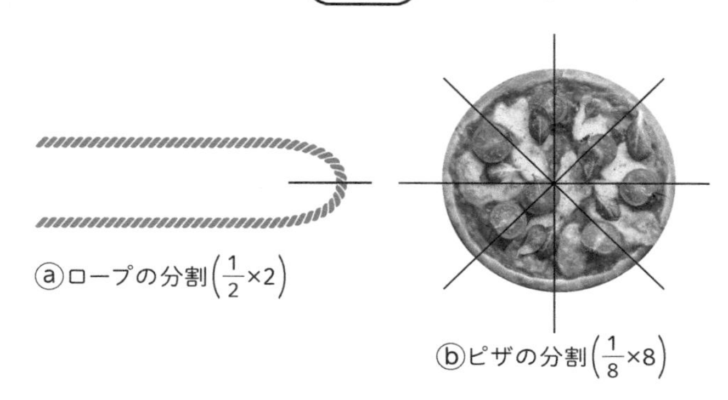

図1−7 分数の誕生

分数と小数──2000年前に登場した数とその親戚

これから，整数以外のさまざまな数の話をする。

私は，これら“さまざまな数”を見るたびに，そして，これから本書で縷々(るる)述べる“数学”を思うとき，つくづく，これらを「人類の叡智(えいち)の極致」だと痛感する。

まずは「分数」である。

日常的な体験から，たとえば図1−7のように，1個の物を何個かに等分割することから分数という数が生まれたことは容易に理解できる。紀元前1世紀〜紀元2世紀頃に書かれたといわれる中国・漢時代の数学書『九章算術』には，「分母」「分子」の言葉が見られることから，およそ2000年前には分数が知られていたと考えられる。

図1−8のように，図1−6に示した数直線をm個に等分割すると，単位目盛り$\frac{1}{m}$が得られる。

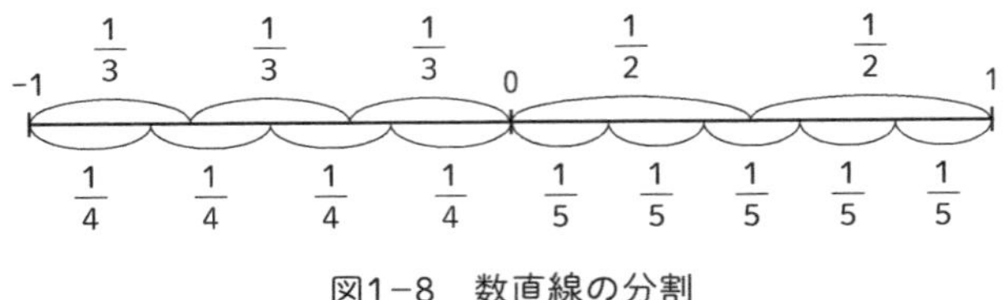

図1−8　数直線の分割

話が前後するが，$\frac{n}{m}$（m，nは自然数）で表される数を「分数」とよび，このときmを「分母」，nを「分子」とよぶ。図1−8からも明らかなように，分数にも正・負の数がある。また，自然数（正の整数）は，分母が1（$m=1$）である特殊な分数$\left(\frac{n}{1}\right)$と考えることもできる。

分数と“親戚関係”にあるのが「小数」である。

私たちが日常的に用いる10進法では，しだいに大きくなる自然数を

$$1,\ 10,\ 100,\ 1000,\ 10000,\ \cdots$$

というように，10を基本とする節目で切ってまとめていく。同じ考えをしだいに小さくなるほうに適用すれば

$$\frac{1}{10},\ \frac{1}{100},\ \frac{1}{1000},\ \frac{1}{10000},\ \cdots$$

という節目が得られる。これを図1−8にならって，正の数についてのみ数直線で表せば，図1−9のようになる。負の数についても同様に表せることはいうまでもない。

図1−9の2段目以下に見られる0.1や0.005を「小

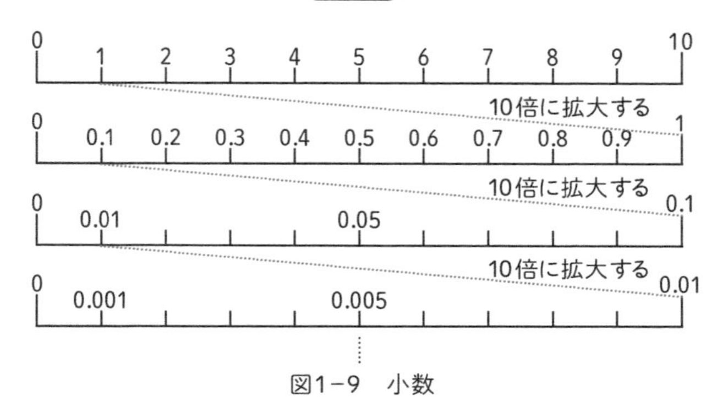

図1−9　小数

数」，1の桁の右側にある“.”を「小数点」とよぶが，あらためて小数を言葉で定義すれば，「絶対値が1より小さく，0でない実数（実際に存在する数）を位取り記数法で表した数」ということになる。1.25のように整数の部分が0でない場合は「帯小数（たいしょうすう）」とよぶ。

ここで“絶対値”とは，数aが正または0であればa自身を，aが負ならば$-a$（$-a$は正になる）のことで“aの絶対値”は$|a|$で表す。たとえば，$|2|=2$，$|-2|=2$である。

このような“絶対値”は，具体的にどのような意味を持っているのだろうか。

図1−6の数直線で，いま，あなたが“0”の地点にいるとする。そして，Aさんが“0”点から右（正）方向の“+5（m）”の地点に，Bさんが“0”点から左（負）方向の“−5（m）”の地点にいるとき，AさんもBさんも，あなたから同じように5m離れた地点にいることになる。+5と−5の“絶対値”はいずれも等しく，それぞれ5（m）だからで

ある。

もう一つ物理的な例を挙げれば，交流電流において，たとえば+100アンペア（A）の電流と−100アンペア（A）の電流では電気が流れる方向が逆であるが，その大きさは同じ“絶対値”の100アンペア（A）である。すなわち，ある数値から向きや方向などの“意味的な要素”を取り除き，あくまで数値そのものの絶対的な量を考える際に，絶対値という考え方が役に立つのである。

分数と小数が生む“不合理”——電卓とスマホはどちらが賢い？

分数と小数の導入によって，整数より微小な数まで考えられるようになり，数の世界が拡がった。分数は線分割，小数は10進法の概念を土台にして導入されたものだが，両者が互いにどのように関係しているのか，すなわちどのような“親戚関係”にあるのかを考えてみよう。

まず，小数は図1－9に示すような目盛り，つまり $\frac{1}{10}$，$\frac{1}{100}$，$\frac{1}{1000}$，…という分数を目盛りにしているから，どのような小数でも分数で表すことができる。たとえば，0.719は

$$0.719=0+\frac{7}{10}+\frac{1}{100}+\frac{9}{1000}=\frac{719}{1000}$$

である。

では逆に，すべての分数がすっきりした小数で表せるかといえば，じつはそうとは限らない。たとえば，$\frac{1}{3}$（=1

÷3）を小数で表そうとすれば

$$0.333333\cdots$$

と書かざるを得ない。この“…”は，どこまでも“3”が続いて切れることがないということを意味している。つまり，1÷3は割り切れないのである。

このように，無限に続く小数を「無限小数」とよぶ。無限小数の中で，上記の0.333333…のように，小数部分のある位以下の数字が同じ順序で無限に繰り返される小数を「循環小数」とよび，繰り返される数字の上に“・”をつけて，“0.333333…”を“$0.\dot{3}$”のように数字を省略して表す。つまり，

$$\frac{1}{3}=0.333333\cdots=0.\dot{3}$$

である。もうすこし複雑な循環小数，たとえば

$$\frac{139}{270}=0.5148148148148\cdots$$

の場合，0.5のあとに“148”が無限に繰り返されるので，繰り返される最初の数と最後の数の上に“・”をつけて，次のように表す。

$$\frac{139}{270}=0.5148148148148\cdots=0.5\dot{1}4\dot{8}$$

ところで，読者のみなさんには「バカにするな！」と叱られそうだが，

$$\frac{1}{3}\times 3=(1\div 3)\times 3=1$$

である。

ここで，念のために（？）手元にある計算機で“$(1\div 3)\times 3$”を計算してみていただきたい。私の手元にある８桁の電卓では，

$$(1\div 3)\times 3=0.9999999\ (\neq 1)$$

で，１にならない（“≠”は“等しくない”という意味）。これは，$\frac{1}{3}$という分数を小数で表した結果の不合理である。

現代社会においては，さまざまな計算を計算機やコンピュータで行うことが多いが，そのような場合，“$(1\div 3)\times 3\neq 1$”の例が示すような，分数と小数の違いから生じる不合理を理解しておくことも大切と思われる。たとえ，１と 0.9999999 との差自体は小さくても，その差が積み重なれば膨大な値になってしまうからである。

ちなみに，“$(1\div 3)\times 3$”をスマホの計算機アプリで計算してみたら

$$(1\div 3)\times 3=0.3333333\times 3=1$$

となった。私が持っている**昔ながらの**電卓とスマホのどちらが**賢い**のか，私にはよくわからない。しかし，“$0.3333333\times 3\neq 1$”は明らかである！

円から生まれた π ── 古代エジプト人も知っていた!?

周知のように，円の直径と円周との比を「円周率」とよび，π（パイ）というギリシャ文字（“周囲”を意味するギリシャ語の頭文字）で表す。円の直径を d，その円周を C とすれば，

$$\frac{C}{d} = \pi \qquad (1.1)$$

という関係があるわけである。

一般的には，$\pi = 3.14$ と憶(おぼ)えているが，じつは，このπは非常に厄介な存在である。πの値の求め方自体，非常に興味深いのだが，ここでは紙幅の関係で割愛する。時間と興味のある読者は，“頭の体操”のつもりでぜひ自分で考えたり，あるいは調べたりしていただきたい。

πの値については古代より知られていたが，古代ギリシャのアルキメデス（前 287 頃～前 212）は，

$$3 + \frac{10}{71} < \pi < 3 + \frac{1}{7}$$

を見出した。これを小数で表せば，ほぼ

$$3.140845 < \pi < 3.142857$$

となる。また，波動の研究で有名なオランダの物理学者・ホイヘンス（1629～95）は，1654 年に

$$3.1415926533 < \pi < 3.1415926538$$

という値を得ている。日本ではホイヘンスと同じ頃，和算

家・村松茂清（しげきよ）（1608～95）が1663年に3.1415926という小数点以下7桁まで正しい値を示している。

現在では，コンピュータを駆使して，小数点以下10兆の桁（31.4兆桁）までπの値が求められている。

しかし，いくらコンピュータが小数点以下10兆の桁まで求めていようとも，これはあくまでも“近似値”であり，πの実際の値は小数点以下どこまでも数字が続く無限小数である。コンピュータで求められる31.4兆桁の近似値というのは恐るべき精度の近似値ではあるが，πが無限小数であることを考えると，たとえ31.4兆といえども，それは無限の中のほんの最初の一部分にすぎない。この事実に，数字の世界のすごさを垣間見る思いがしないだろうか。

ところで，イギリスのピラミッド学者・テイラーは1859年，自著の中で「エジプト人はπの数値を知っていた」と書いた。クフ王の大ピラミッドの底部の1辺の長さをL，高さをHとすると

$$4L = 2\pi H \qquad (1.2)$$

が成り立っており，

$$\pi = \frac{4L}{2H} \qquad (1.3)$$

にLとHの実測値を入れると，$\pi = 3.12925\cdots$が得られる。この“3.12925…”という値は決して偶然とは思えないので，テイラーが「エジプト人はπの数値を知っていた」というのもうなずけるし，以来，多くの人が「4500年も前にπの数値を知っていた」エジプト人に畏敬の念を抱い

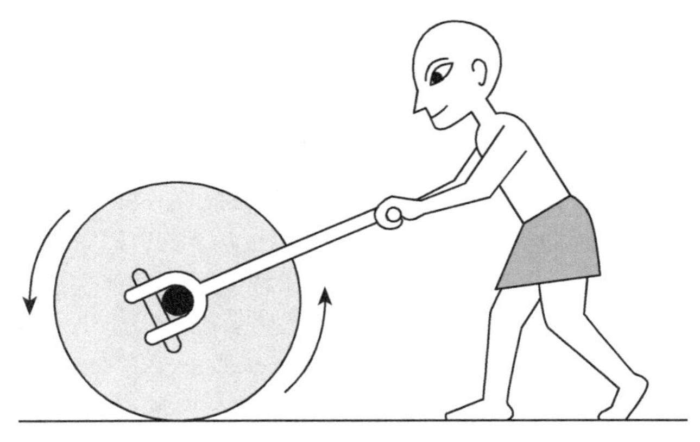

図1−10　古代エジプト人が用いていた計測輪

てきた。

しかし，古代エジプトの数学の教科書ともいえる「リンド・パピルス」などに円周率πに関する記述が皆無であることや，古代エジプト人が図1-10に示すような計測輪を使っていたことを考慮すると，実際に彼らがπを知っていたのではなく，知らず知らずのうちにピラミッドの形状，数値の中にπが入り込んでしまったと考えるのが妥当であろう（前掲拙著『古代世界の超技術』）。

有理数と無理数――ピタゴラス派を悩ませた厄介者

小数が無限に展開し，$\frac{n}{m}$という分数の形で表せない数は「無理数」とよばれる。これに対し，$\frac{n}{m}$という分数の形で表せる数は「有理数」とよばれる。

古来，最も完全な形とされてきたのは円であるが，直径が1の円の円周πは無理数なのである。自然界の中で最も美しく，完全な形と思われる円の中に厄介な無理数がひそんでいることが，私には不思議で仕方ない。

また，宇宙に存在する“形”の中で，円と並んで最も美しいのは正方形であると思うが，この正方形を2分する対角線の長さは1辺の長さの$\sqrt{2}$倍であり，この$\sqrt{2}$もまた無理数である。「宇宙には美しい数の調和がある」とするピタゴラス学派にとっては，いささか厄介で不都合なπと$\sqrt{2}$であり，事実，ピタゴラス学派は無理数の存在を秘匿していたという説もある。

ところで，「有理数」「無理数」という言葉は，それぞれ英語の“rational number”，“irrational number”の訳語であり，“rational”を「理」と訳している。“rational”には「“理”がある」という意味があるから，それぞれの英語を「有理数」「無理数」と訳すことには理があるように思われる。しかし，それぞれの数学的な意味（$\frac{n}{m}$という整数の比で表されるか否か）を考えれば，「理がある」「理がない」というのはヘンではないだろうか。

“rational”は，“ratio（比）”という名詞に由来する形容詞である。“$\frac{n}{m}$”はまさしく“比（$n:m$)”を表すものだから，本来は「有比数」「無比数」とよぶべきだろう。しかし，私は「有比数」「無比数」という言葉を見たことがない。「有理数」「無理数」は誰が使い出した言葉なのか知らないが，私には明らかな誤訳に思える。

便利すぎる指数――想像を絶する数を使いこなす

私たちは日常的に，基本的に“目に見える”あるいは“実感できる”ものを相手に生活している。しかし，私たちを取り囲む自然界には，想像を絶する極小の物から極大の物までが存在する。

真言宗の開祖である空海（くうかい）（774～835）は，真言密教の世界観を述べた『吽字義（うんじぎ）』の中で，物の大きさや量が相対的であることを「ガンジス河の砂粒の数も宇宙の拡がりを考えれば多いとはいえず，また全自然の視野から見れば微細な塵芥（じんかい）も決して小さいとはいえない」という喩（たと）えで述べている。つまり空海は，人間の認識はあくまでも相対的であり，相対的な基準を尺度としたのでは，真の自然，世界を見極めることはできない，と戒（いまし）めているのである。

ここで，自然界の物の大きさを比較してみよう。物の大きさを考えるには，私たちの身体の大きさのスケールであり，また日常的な長さの単位である「メートル（m）」を基準にするのがよいだろう。

たとえば，私たちの生活の文字通りの基盤である地球の直径は，赤道でおよそ13000000m，その地球を含む銀河系の直径はおよそ1000000000000000000000mである。宇宙はまさに，想像を絶する大きさである。また，私たちの身体を含むすべての物質は原子からできているが，その原子の大きさはおよそ0.0000000001mである。こちらは反対に，想像を絶する小ささである。

“想像を絶する”ことはともかく，0が21個も並ぶ1000000000000000000000や，小数点以下に0が9個も並ぶ0.0000000001というような数字を扱うのはきわめて不便である。0の個数を書き間違えたり読み間違えたりすることが容易に想像できる。

その間違いが，銀河系の直径のように私たちの日常生活に無縁のものの場合は，天文学者のような特別の人を除く一般人にはどうでもよいことだが，金銭などの場合は0の数を1個でも間違えたら大変なことになり得る。そこで導入されるのが，「指数（しすう）」という便利な数である。

たとえば，10000は10×10×10×10というように10を4回掛けた数なので，これを「10^4」と表す。また，0.00001は$\frac{1}{10}\times\frac{1}{10}\times\frac{1}{10}\times\frac{1}{10}\times\frac{1}{10}$で，この$\frac{1}{10}$を$10^{-1}$とすれば，0.00001は$10^{-1}$を5回掛けた数だから，$10^{(-1)\times 5}=10^{-5}$と表すことができる。このように，10の右肩についている数（上の例では4と－5）を「指数」とよぶのである。

指数を用いれば，先に示した0がいくつも並ぶ数は，

$$13000000=1.3\times 10^{7}$$
$$1000000000000000000000=10^{21}$$
$$0.0000000001=10^{-10}$$

となる。指数の便利さが実感できるのではないだろうか。

自然界に存在するさまざまな物について，メートル（m）の単位で指数を使って表したのが図1-11である。自然界にはさまざまな大きさの物があるが，「大きい」とか「小さい」とかいうのは，空海がいうように相対的であることがよくわかる。たとえば，人間から見れば，ノミは

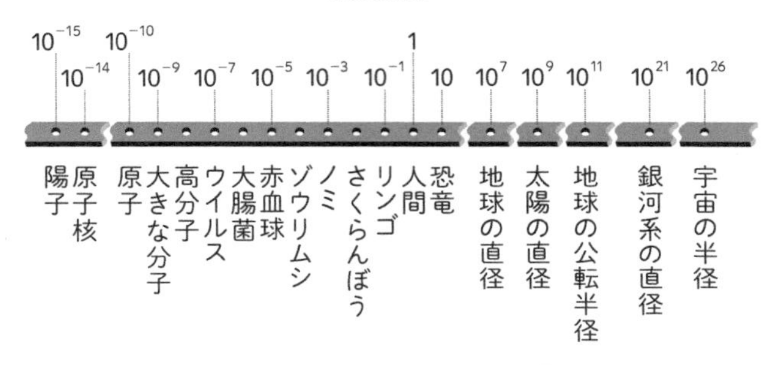

図1−11　自然界の大きさの比較（原康夫著『量子の不思議』中公新書、1985より一部改変）

まことに小さな生きものであるが，ウイルスにとっては巨大な生きものである。また，銀河系はまさに想像を絶する大きさだが，宇宙全体から見れば小さなものである。

このように，10を“土台”にした指数は，非常に大きな数や非常に小さな数を考えるときにとても便利なものである。

0乗はなぜ「1」か？

前項では，“土台”が10の場合について述べたが，“土台”はもちろん，どのような数字でもかまわない。たとえば，半導体メモリー（記憶素子）のビット数などに登場する

$$2,\ 4,\ 8,\ 16,\ 32,\ 64,\ 128,\ 256,\ \cdots$$

という数字の列（数列）は，

$$2^1,\ 2^2,\ 2^3,\ 2^4,\ 2^5,\ 2^6,\ 2^7,\ 2^8,\ \cdots$$

である。麻雀が好きな人なら，麻雀の点数の数え方もこれと同じであることに思い当たるだろう。

一般に，ある数がa^nで表されるとき，「aのn乗（じょう）」と読まれ，すでに述べたようにnを「指数」とよび，“土台”であるaを「底（てい）」とよぶ。そして，

$$\frac{1}{a^n}=a^{-n} \qquad (1.4)$$

$$a^{\frac{n}{m}}=\sqrt[m]{a^n} \qquad (1.5)$$

と定義する。$\sqrt[m]{a^n}$は，「aのn乗のm乗根」と読む。$m=2$の場合，すなわち“２乗根”の場合はmが省略されて$\sqrt{a^n}$と書かれ，これを「平方根（へいほうこん）」とよぶ。

ところで，「aの０乗」がどんな数字になるか，すぐにわかるだろうか？

$$a^0=1 \qquad (1.6)$$

と定義されるのだが，「ある数aの０乗（つまり，１回も掛け合わさない！）が１」というのはちょっと不思議な気がするし，理解に苦しむ。このことを，すっきりと理解するために，ちょっとした実験（？）をしてみよう。

たとえば，図１-12に示すように，A4サイズくらいの四角い紙を半分に折ると，折り目で紙面が２分され，紙の端を手前にして見れば２枚になる。この状態が$2^1=2$に相当する。さらに半分に折ると紙面は４分され，これが$2^2=4$に相当する。さらに半分に折ると，紙面は８分され，これが$2^3=8$を意味している。

元に戻って，１回も折っていない（すなわち，０回折っ

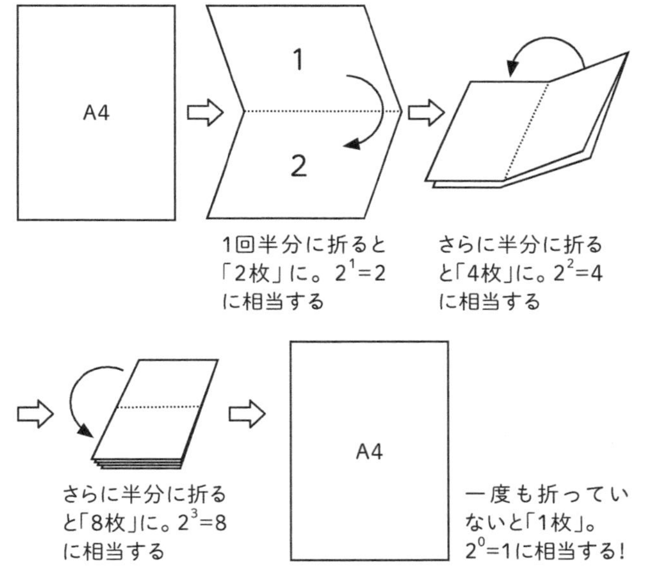

図1−12　0乗はなぜ1か?

た）状態では，紙は分割されていないので“紙の枚数”は1，つまり $2^0=1$ である。このように，“折った回数＝乗数 (n)”とし，“そのとき分割されている紙面の数＝その計算結果”と考えると，$2^0=1$ がすっきり理解できる，少なくともわかったような気になれるのではないだろうか。

以上のことをふまえると，

$$a^n \times a^m = a^{(n+m)} \qquad (1.7)$$

$$(a^n)^m = a^{nm} \qquad (1.8)$$

$$(ab)^n = a^n b^n \qquad (1.9)$$

という指数法則が成り立つ。これらの法則を暗記しようとせずに，左辺の a，b，n，m に適当な数字を入れて右辺が得られることを実際に確かめていただきたい。たとえば

$$1000000 \times 10000000 = 10^6 \times 10^7 = 10^{(6+7)} = 10^{13}$$
$$0.0001 \times 0.05 = 10^{-4} \times 5 \times 10^{-2} = 5 \times 10^{\{(-4)+(-2)\}} = 5 \times 10^{-6}$$
$$1/100000 \times 100 \times 1/1000 = 10^{-5} \times 10^2 \times 10^{-3} = 10^{\{(-5)+2+(-3)\}} = 10^{-6}$$

となる。

ほんとうは怖い指数の話――借金の利息に注意！

ここで，指数の“恐ろしさ”を実感するために，以下の問題を考えていただきたい。

Ａさんが B さんから，１日につき利息１割の複利で 100 円を借りた。Ａさんはうっかり，その借りを１年間忘れていた。１年（365 日）後に，B さんから受け取った請求書を見て，Ａさんはびっくり仰天！　Ａさんは B さんに，いくら支払わなければならないだろうか？

これは，底（前記の a）が 1.1（利息１割）のときの指数計算である。Ａさんが１年（365 日）後に B さんに支払うべき金額は，

100（円）×1.1×1.1×1.1×…　365 乗
$= 100 \times 1.1^{365}$（1.1^{365} の計算については 51 ページ参照）
$\approx 100 \times 1.28 \times 10^{15}$（≈は，“およそ”という意味）
$= 1.28 \times 10^{17}$
$= 128000000000000000$
$= 128000$（兆円）

だ！

たとえ，わずかな額の借金でも，指数の威力の結果，膨大な額の返済を求められることがある。くれぐれも“借金地獄”に落ち込まないように注意願いたい。

また「紙を何回折れば富士山を超える厚さになるか」というクイズがある。もちろん，紙の厚さにもよるが，たいていは二十数回という想像を絶する少ない回数で富士山の高さを超えるような厚さ（高さ）にいたる。こちらは前述の 2^n の問題に相当するが，これもまた，指数の“恐ろしさ”を示す一例であろう。

対数——小さな変化を大きく表す技術

指数を使った $N=a^n$ は「a の n 乗は N である」という意味だったが，これは「n は N になるまで a を掛け合わせた数である」といっても同じことである。このことを，数式を使って

$$N=a^n \Leftrightarrow n=\log_a N$$

と表現し，n を「a を底とする N の対数」，N を「対数 n の真数」とよぶ。この“log”は“logarithm（対数）”を縮めた記号で，“ログ”と読む。具体的な指数と対数との関係は，たとえば

$$10000=10^4 \Leftrightarrow 4=\log_{10}10^4$$

となる。10を底とする対数は，特に「常用対数」とよばれ，底の10を省略して $\log N$ と書かれるのが普通である。

対数にも，指数と同様に

$$\log_a MN = \log_a M + \log_a N \qquad (1.10)$$

$$\log_a \frac{M}{N} = \log_a M - \log_a N \qquad (1.11)$$

$$\log_a M^b = b \log_a M \qquad (1.12)$$

また，a，b，c が正の数で，$a \neq 1$，$c \neq 1$ のとき，

$$\log_a b = \frac{\log_c b}{\log_c a} \qquad (1.13)$$

という対数法則がある。

私たちが日常生活の中で対数に接することはほとんどないが，じつは，対数の世話になっていることは少なくない。

たとえば，飲み物などの液体の性質に，“酸性・アルカリ性”というものがある。これは飲料水の良し悪しを決める要素の一つでもある。一般的に，すっぱい味がするものは酸性であり，苦い味がするものはアルカリ性である。この酸性・アルカリ性の度合い（強さ）を表すのに使われるのが「水素イオン指数」で，一般に「pH」として知られている（昔，私が学校で習ったときはドイツ語読みの“ペーハー”とよばれたが，pH の JIS が制定された 1958 年以降は，英語読みで“ピーエイチ”とよばれることが多い)。

純粋な水の中には，水素イオン（H^+）と水酸化物イオン（OH^-）が等量存在し，水素イオン濃度を［H^+］，水酸化物イオン濃度を［OH^-］とすると［H^+］＝［OH^-］$=10^{-7}$（mol/L）である（mol はイオン約 6×10^{23} 個分の質量，L はリットル)。これらの積は「水のイオン積」と

よばれ，K_wという記号を用いれば

$$K_w = [H^+][OH^-] = 1.0 \times 10^{-14} \ (mol^2/L^2) \qquad (1.14)$$

である。pH は，この水素イオン濃度を使って

$$pH = -\log_{10}[H^+] = \log_{10}[H^+]^{-1} = \log_{10}\frac{1}{[H^+]} \qquad (1.15)$$

$$[H^+] = 10^{-pH} \qquad (1.16)$$

と定義される。式（1. 14），式（1. 15）から，pH の値は 0（$[OH^-]=0$）〜14（$[H^+]=0$）となることがわかるだろう。pH の値が小さければ小さいほど酸性の性質が強く，大きければ大きいほどアルカリ性の性質が強くなる。また，式（1. 15）より，pH が 1 違うとイオン濃度は 10 倍異なることがわかるだろう。たとえば，pH＝2 の液体を 100 倍に薄めると pH＝4 の液体になる。

ここで，pH がなぜ $[H^+]$ ではなく $\frac{1}{[H^+]}$ の常用対数をとるのか，疑問に思われるかもしれない（私自身，最初に pH を習ったときに実際に抱いた疑問である）。

じつは，上述のように $[H^+]$ の値はあまりに小さい（〜10^{-7}（mol/L））ので，そのままでは扱いにくく，対数（log）をとってもマイナスの値になってしまう。ここで一工夫！ $[H^+]$ の値が小さいのであれば，その逆数 $\frac{1}{[H^+]}$ は大きい値になるではないか。この常用対数をとったのが pH なのである。pH を習った当時，私はこの「一工夫」にひどく感心したものである。

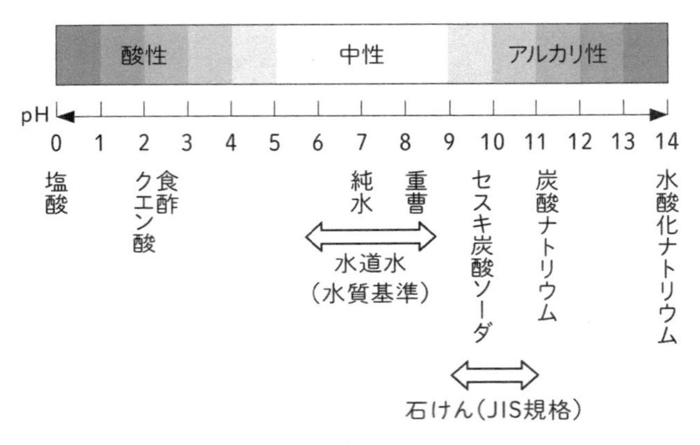

図1−13　さまざまな物質のpH値

参考のために，いくつかの物質の pH を図 1 -13 に示す。

対数は，pH のほかにも，地震の規模（エネルギーの大きさ）と震度との関係，放射性元素の半減期を用いた化石年代の測定，星の輝きの等級づけ，騒音測定などに使われるが，これらについては紙幅の都合で割愛する。

対数のさらなる威力は，さまざまな現象をグラフ化して示すときに発揮されるので，それについては第 2 章で述べることにする。

対数はまた，たとえば細胞分裂によって 1 時間ごとに 2 倍に増殖する 1 個の細菌が 200 時間後にどのくらいの数になっているか，というようなことを考えるときに威力を発揮する。つまり，2^{200} がどのくらいの数（桁数）になるかということである。計算機を使わずに膨大な数を計算するとき，対数の威力を実感できる問題である。

$$2^{200}=N$$

とすると，

$$\log N=\log 2^{200}=200\log 2$$

である。ここで，log 2 の数値を知る必要があるが，log 2 は「10 の x 乗が 2 になる場合の x」である。この x は「対数表」で求められ，約 0.3 である（「0.3 乗」という乗数は理解しにくいが，ここでは単に「計算上の数値」として通り過ぎていただきたい)。この 0.3 を上式に代入すると，

$$\log N=200\times 0.3=60$$

となり，N が 61 桁の数であることがわかる。この 61 桁の数がどれくらい大きな数なのか，大きすぎて，私にはとても想像できない。

1-3 数の「単位」と「方向」

単位と物理量

私たちが見る物には，“大きさ”と“形”がある。物の大きさ（量）を取り扱うには，同じ性質で一定の大きさのもの，つまり「単位」を定めて，その単位の大きさの何倍であるかを考えなければならない。この，“何倍”における“何”が数値であり，それを表すのが数字である。

数学においてはいうまでもなく，物理でも数値を扱うことが不可避であるが，物理で表される数値のことを特に「物理量」という。たとえば，長さ，重さ，時間，速さ，力，エネルギー，温度などが物理量である。

一般に，数学で扱う数値には単位がないし，なくてかまわないのだが，具体的な数値を扱う物理量には単位が必要である。たとえば，「その物体は100である」というのは物理的にはまったく意味を成さない。その「100」が長さなのか重さなのか，あるいは速さなのか温度なのかで，話がまったく異なるからである。物理量は「数値×単位」で成り立っている。

数の大きさと方向

一般的にいって，数学では数の「大きさ」だけを考えればよいが，物理では数の大きさとともに，その数が意味する「方向」を考えなければならないことが少なくない。

例として，物理の代表的な分野である“運動”のことを考えてみよう。

いま，図1-14に示すように，車Aが速さvで真東に，車Bも同じ速さvで真北に向かっているとする。これら2台の車が交差点を同時に出発した場合，一定時間後の走行距離（速さ×走行時間）は同じであるが，到達地点がまったく異なることはいうまでもない。物理的にいえば，車A，Bの速さは同じでも，走行の方向が異なる，すなわち「速度」が異なるからである。

日常生活においては，速さと速度が厳密に区別されることはないし，厳密に区別されなくても支障はないが，物理においては区別する必要がある。“速さ”は方向を考慮しないが，“速度”には“速さ”に加えて“方向”の要素が含まれるのである。速度のように，大きさと方向（向き）を有する量を「ベクトル」とよぶ。これに対し，速さのように大き

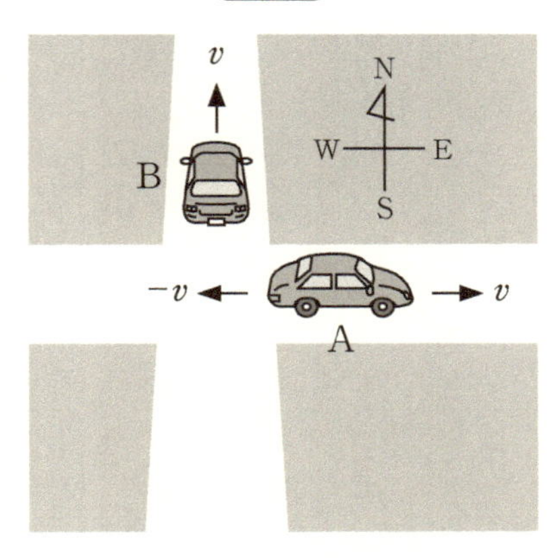

図1−14　自動車の走行

さのみの量を「スカラー」とよぶ。

ゼロ（0）を基準に考えた場合の“マイナス（−）の数”（29ページ図1−6参照）について述べたが，自然界の現象を巧みに説明する自然科学（特に物理学）では，“プラス（+）”と“マイナス（−）”を“0より大きい”とか“0より小さい”という意味ではなく，“同一の次元（土俵）で反対の性質を持っている”という意味でも使う。たとえば，プラス（+）の電気（電荷）とマイナス（−）の電気（電荷）である。

また，図1−14で，車Aと反対方向，つまり真西に速さvで向かう車Cを考えたとき，車Aの速度をvとすれば車Cの速度は$-v$と定義できる。反対に，車Aの速度を$-v$とすれば車Cの速度はvである。ベクトルにおける“−”は，逆方向を意味する。

ベクトルは，数学において重要な分野の一つではあるが，本書ではこれ以上深入りしない。数には大きさだけでなく，方向（向き）も考えなければならないものもあるのだ，ということだけを知っておいていただきたい。

「思考を整理する道具」グラフと関数
——なんでも変換してみよう

私たちは前章で，さまざまな“数”について知った。本章では，数が集まることで，具体的な意味を持つことになる“数の応用”について考えてみよう。数を図示する，グラフ化するのである。

グラフ化の効能は，対象が自然現象に限られるものではなく，社会現象はもとより，日常生活におけるさまざまな事象，たとえば恋愛や愛情問題にも大きな威力を発揮する。グラフには，ものごとをわかりやすくしてくれるだけでなく，さまざまなデータをグラフ化することによって，さまざまな現象の本質に迫ることもできるし，将来の予測をも可能にする力が備わっている。

そのグラフ化に不可欠なのが，平面や空間の中の“点”の位置を規定する「座標」である。じつは，数学の世界できわめて重要な意味を持つこの座標こそが，近代科学における最初の大発明とよぶべきものなのである。

2-1 座標——画期的な大発明！

条坊——古代都市に見られる座標の源

中国の前漢（紀元前３世紀～）から唐の時代まで，たびたび首都になった長安（ちょうあん）（現在の西安（せいあん））は，世界史に燦然（さんぜん）と輝く大都である。特に栄えたのは唐の時代（７～10 世紀）で，当時の長安は東西約 10km，南北約 8km の大規模な都市であった。

その市街の特徴は，大路・小路が東西・南北に走り，格子状の街区を構成していたことである。長安の最盛期は玄宗帝の頃（8世紀前半）で，人口は100万に達し，シルクロードの中心をなす国際的な文化都市だった。日本の朝廷から派遣された吉備真備（695〜775）や，最澄（767〜822），空海らの“遣唐使”は，長安の華やかさにさぞや驚いたことだろう。

もう30年以上昔のことになるが，私自身，西安を訪ね，長安の往時に想いを馳せたことがある。

日本史上最初の大規模な都は，710年に藤原京から遷都されて造営された平城京（現在の奈良市街西方）である。

大路・小路によって分けられた格子状の市街区画を「条坊」というが，平城京（そして794年造営の平安京）の条坊は長安のものの模倣である。平城宮を北端中心に定め，朱雀大路を挟む左右に東西各四坊（左京，右京）を設け，南北には九条を設けて造営された。

私たちは「日本史」で，「710年，平城京へ遷都」とたった1行で習うが，よく考えてみれば「都」を遷すというのは大変な事業である。小説『平城京』（安部龍太郎著，KADOKAWA，2018）を読むと，藤原京からの遷都事業は政治的，経済的，技術的に壮大かつ複雑なものであったことがよくわかる。また，私はこの小説を読んで，平城京遷都が「白村江の戦いの大敗」「壬申の乱」「遣唐使」などと密接に絡んでいたことを初めて知った。

東西と南北の方向に整然と区画された現在の日本の都市としては，京都と札幌が有名である。京都の町は，東西方

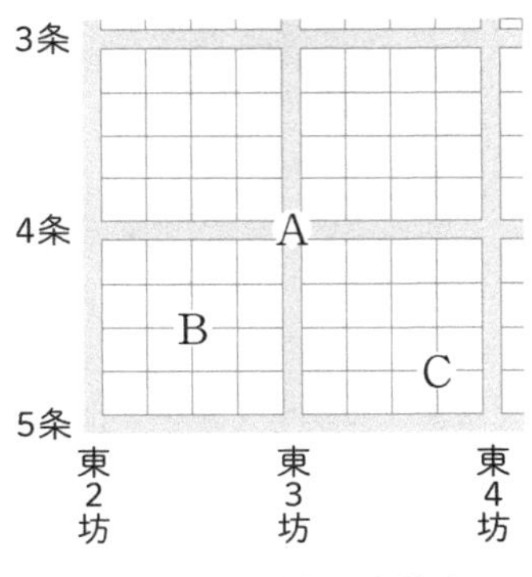

図2−1　平城京の交差点

向に走る道は一条，二条，……と数えるが，南北方向の道には堀川通（ほりかわどおり）や烏丸通（からすまどおり）のような名前がつけられている。札幌の道には東西と南北に数字が割り振られ，交差点は「北１条西２丁目」，通称「北１西２」（有名な時計台がある場所）のように非常にわかりやすくなっている。番地の"一般法則"をちょっと知りさえすれば，私のように強度の"方向音痴"の者でも，札幌の街中で迷うことはない。

現在の日本の札幌や京都の区画は非常にわかりやすいが，平城京の一部を拡大した図２−１（便宜上，漢数字を算用数字にあらためている）で，各交差点を（条，坊）で指定することを考えてみよう。たとえば，交差点Ａ，Ｂ，Ｃは，それぞれ（4, 3），（4.5, 2.5），（4.75, 3.75）できわめて正確に表すことができる。大路に挟まれた小路のあいだにさらに"小小路"を設ければ，場所をさらに細密に，数値で指定することができる。

最近は"ナビ"の発達もあって，地図（帳）で知らない場所の位置を見つけようとするようなことは少ないかもしれないが，私はいまでも地図帳で知らない場所を見つけようとする機会がしばしばある。そのようなとき，まずはじめに，その土地の名前を索引で調べるが，索引にはページ数のほかに（A，3）のような座標が記されている。

このように，長安や平城京などの古代都市に見られる格子状の区画は，以下に述べるデカルト座標の“源”なのである。

デカルト座標——クモの糸に導かれて

科学史上，特筆すべき傑出した人物の一人に，デカルト（1596～1650）が挙げられる。デカルトは，旧来のアリストテレス自然哲学における「自然のすべての変化や運動は，それぞれある目的を実現する過程である」という考えを否定し，普遍的な運動原因，基本法則をもって自然現象を説明することを提唱した。デカルトの近代科学に対する思想的貢献は広範，かつきわめて絶大なものがあるが，なかでもあらゆる科学に対し，最大の影響力を持ち，のちの技術，工学へとつながったのは座標系の発見である。

ここで，「座標」を定義しておこう。

平面（空間）内の各点の位置を正確に表すために，一定の方式で定められた２個（空間の場合は３個）の数の組，また，その数の一つ一つを「座標」とよぶ。座標系にはさまざまなものがあるが，ここでは，デカルトが用いた「直交座標」について述べる。

平面座標の場合，図２-２ⓐのように，平面上に縦と横方向に直交する２本の直線（軸）を引く。一般的には，横

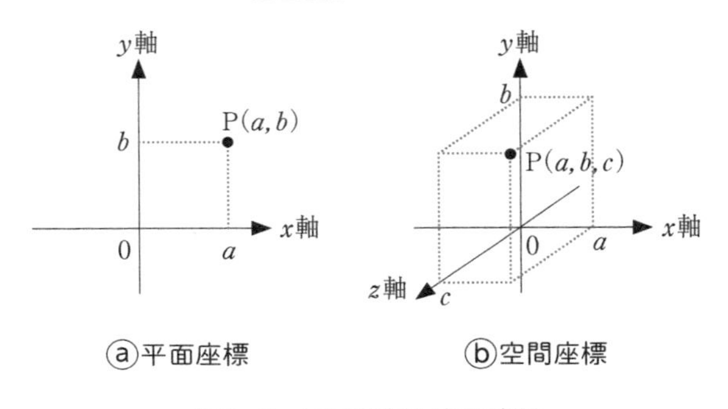

図2-2　平面座標と空間座標

軸をx軸，縦軸をy軸とよぶ。点Pを（a，b）で表したとき，（a，b）をPの座標という。

また，aをPのx座標，bをPのy座標とよび，点Pの座標が（a，b）であることを，P（a，b）と表す。O(0, 0)を座標原点（あるいは単に原点）とよぶ。図2-2ⓑのようにz軸を加えることによって，2次元平面を3次元空間に拡げることもできる。

これらの直交座標（平行座標）をデカルト式の座標という意味で，一般に「デカルト座標」とよぶ。

すでに学校で習ってx-y座標系のことを知っている私たちが，図2-1のような条坊図を眺めれば，デカルトの「座標系の発見」がそれほどの大発見なのだろうか，と思うかもしれない。しかし，それは「コロンブスの卵」というものだろう。事実，長安や平城京の条坊を知る当時の中国人や日本人から，「座標系の発見者」は生まれなかったのである。

真偽のほどはともかく，ニュートン（1642～1727）が万有引力を発見した際の「リンゴ」の話のように，大発見にまつわるエピソードは少なくない。デカルトの座標系の発見にまつわるエピソードの主役は，クモだった。

デカルトは長いあいだ軍隊生活を送ったが，その頃，大砲の砲弾を攻撃目標にうまく命中させるための弾道の研究が，軍人や科学者に課せられた重要な問題だった。デカルトもまた，この問題に取り組んでいた一人だった。

病気を患ったデカルトが，療養のために病院のベッドに横たわっていたある日，ふと天井を見上げると，１匹のクモが天井のあちらこちらを這い回った後，細い糸を垂れてぶら下がった。このクモのようすを何気なく見ていたデカルトの脳裏に，クモの運動と砲弾が飛ぶ状態とを比較して，時間と空間との相互関連から関数のアイデアが浮かんだ。この着想がきっかけとなって，デカルトは座標を思いついたのだという。“天才”といわれる人は，凡人とはやはり違う。

ニュートンの場合のリンゴの落下と同じように，天井からぶら下がるクモを見た人は無数にいたはずである。私自身，天井を這い回るクモも，天井からぶら下がるクモも何度も見ている。そのようなクモのようすから，関数，さらには座標の発見を導き出したデカルトは，やはり天才なのである。

ところで，1946年，アメリカのペンシルベニア大学によって，真空管を使った世界最初の電子式コンピュータ（ENIAC）がつくられたが，このコンピュータの目的もまた，迅速かつ正確な弾道計算だった。昔から現在まで，「戦争」に後押しされて発達した科学や技術の例は枚挙にいとまがない。

座標平面と座標空間──道順を伝えるときに誰もが使ってます

どこかある特定の場所へのいき方を，電話で説明するような場合を思い浮かべていただきたい。

たとえば，東京タワーへ初めていく人に，「都営地下鉄・三田線の御成門駅の A1 出口を出て，日比谷通りと都道 301 号・白山祝田田町線の交差点から芝公園三丁目交差点を通過して道なりに歩いていくと，東京タワー前交差点に出ます。その交差点を右折して東京タワー通りに入り，1つめの通りを渡ったところに東京タワーがあります」などと説明するだろう。じつは，このような道案内の仕方は，「座標」が基礎になっている。

私たちはふだん，まったく意識することがないと思うが，地図や住所（番地），建物の位置など，考えればキリがないほど多くの場で，平面の位置を規定する「平面座標」とよばれるものが使われている。大げさにいえば，もし「座標」というものが存在しなかったなら，他人との約束事が果たせないかもしれない。航空管制の場では，空間の位置を明確に示す「空間座標」が使われている。

「座標」の導入によって，平面のみならず宇宙空間を，そして自然を数量化することが可能になった。平面のみならず3次元空間におけるすべての点も，3つの座標（縦，横，高さ）が与えられれば，はっきりと位置を定めることができる。これら座標によって規定される平面，空間をそれぞれ，「座標平面」「座標空間」という。さらに，「時間軸」という4つめの座標をこれに加えることで，物体の運

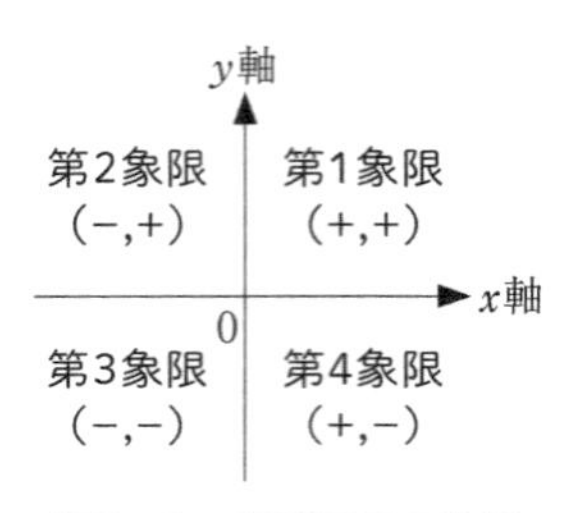

図2−3　座標平面の象限

動さえも明瞭に認識できるようになる。

座標空間は，まさに自然界を“科学の格子”に組み込むものであり，それは大げさにいえば，人間が自然を自らの手中に収めることでもあった。3次元座標の導入によって，それまではとりとめのなかった空間のすべての点が，正確に，数量的に扱われ得るようになったわけである。このような意味において，デカルト座標は近代科学の最初の大発明であるといっても決して過言ではないのである。

座標平面は，x 軸と y 軸によって4つの部分（象限（しょうげん））に分けられるが，それぞれの部分は図2-3のように第1象限，第2象限，第3象限，第4象限という名前がつけられている。ある点の x 座標，y 座標の“正・負”を見れば，その点がどの象限にあるのかがすぐに判断できる。

座標平面や座標空間は，科学の分野のみならず，前述のように座標平面は地図など，座標空間は航空管制や天気図など，私たちの日常生活に深く関係する幅広い分野で用いられている。

本書の目的の一つは，そのような“さまざまな問題”を解決しようとする際に，大きな力を発揮するのが数学の知識や考え方であることを知っていただくことである。

平面座標の応用――それはストレスをも軽くする!

ここで，「ちょっと休憩」のつもりで数学から少し離れ，日常生活のさまざまな事象や問題を“座標”を使って表現してみると，それらの本質を視覚的にとらえることができるという話をしたい。

私たちのまわりには日々，じつにさまざまな問題（この場合の“問題”とは，“好ましくない状態や事象”のこと）が発生するものである。私たちが持つ，あるいは持つことができる時間もエネルギーも限られており，その条件下で“さまざまな問題”を解決しなければならない。“さまざまな問題”を解決しようとするとき，私たちが最初にしなければならないことはなんだろうか？

私が，いつも真っ先に考えるのは，それが“自分の努力では解決し得ない問題”か，あるいは“自分の努力で解決し得る問題”かを見極めることである。

“自分の努力では解決し得ない問題”とは，たとえば「世界の政治・経済に関係する問題」「日本の政治家の資質に起因する問題」「自然現象（天気，天災など）そのものに関係する問題」などである。これらは，私自身がどれだけ奮闘しようが，常識的，現実的にはどうにもしようがない。このような問題に対して悩んでも無意味だから，私はさっさと諦める。というより，私はこの種の問題を相手にしない。

私たちは，“自分（たち）の努力で解決し得る問題”にのみ，真摯（しんし）に取り組めばよいのである。

ところで私は，「ストレス」は“心身の健康”を害する“万病の元”であり「不幸な生活」の“使者”だと思っている。ストレスとは，「外界から与えられた刺激が積もり積もった時に防衛反応として示す，生体の肉体上・精神上の不具合」（『新明解国語辞典　第七版』2012，傍点引用者）であるが，私は，その主たる元凶は「他者，社会，時代の“ものさし（流行）”に対する右顧左眄（うこさべん）」だと思っている。幸い私は，基本的に，ストレスがほとんどない日々を送っているが，私自身がいままでの人生の経験から得た「無ストレス生活の秘訣（ひけつ）」は，

① 自分の「ものさし」に従う
② 自分にできることとできないことを区別する
③ 自分がやるべきこととやるべきでないことを区別する
④ 自分が尊敬する人以外の評価は気にしない
⑤ どんなこと，どんな人にも感謝の気持ちを持つ
⑥ 少欲知足

である。

これらの中で，私がいの一番に挙げる“自分の「ものさし」”については若干の説明が必要だろう。それは自分の「ものさし」ではあるが，自分勝手な「ものさし」であってはいけない。感情的，主観的なものではなく，普遍的，客観的なものでなければならない。右顧左眄しないための，自分自身の確固たる基盤となる「ものさし」である。

そして私は，そのような「ものさし」を体得するために大いに役立つのが，物理的，数学的な素養と考え方だと思っている。私は，ストレスの元凶の一つが嫉妬であり，嫉

妬は人間が持つ最悪な性質の一つであるととらえているが，嫉妬の気持ちが湧くのは自分と他人とを比較するからである。私は日々，自分と他人とを比較しないことを心がけているが，そのために，自分自身の確固たる基盤となる「ものさし」を持つことが肝要なのである。

また，②と③が，先に述べた“自分の努力では解決し得ない問題”か“自分の努力で解決し得る問題”かに深く関係することである。

私の周囲の人たちで「ストレスがない」という人は稀（まれ）で，ほとんどの人が「ストレスがある」と口にするが，私が見る限り，その「ストレス」のほとんどが嫉妬，“自分にできること”と“自分にできないこと”，そして“自分がやるべきこと”と“自分がやるべきでないこと”の区別ができていないことによって生じているように思われる。

“自分の努力で解決すべき問題”は，“自分にできること”と“自分がやるべきこと”なのである。“自分の努力では解決し得ない問題”を，“自分にできないこと”と“自分がやるべきでないこと”に限るようになればよいのだ。大切なことは，自分の怠惰が“できない”と“やるべきでない”の原因になっていないことである。いうまでもないことだが，“自分にできること”を増やす努力は，大切である。

課題解決のための４象限 —— 緊急度と重要度の座標平面をつくる

正直に申し上げれば，“自分にできることとできないことを区別する”，“自分がやるべきこととやるべきでないことを区別する”のは，決して簡単ではない。多くの凡人は，それらの区別ができないために，ストレスを背負い込んでしまう場合が多いのである。しかし，それらの区別が論理的にできるようになることが大切であり，私自身の経験から，以下，その方法の一端を述べてみたい。

前置きが長くなってしまったが，私たちが真摯に取り組むべき“自分（たち）の努力で解決し得る問題”に取り組んでみよう。

私たちが日々直面する問題は，たった一つではないことがほとんどだろう。解決すべき問題がたった一つであれば楽なものである。実際に解決できるかどうかはわからないが，いずれにせよ，全エネルギー，全時間をその問題に注ぎ込めばよい。しかし，実生活において，私たちは同時に，複数のさまざまな問題に直面することが多いのである。

そんなとき，最初にしなければならないのが「優先順位をつける」ことである。

個々人がもともと持っている能力に大差がないとすれば，勝敗も，人間としての実力も，「優先順位をきちんとつけられるかどうか」「その優先順位が感情の結果ではなく，論理的検討の結果か」にかかっている。現実的には，この優先順位のつけ方の誤り，またそれ以前に，優先順位をつけられないことが問題を大きく，深刻なものにしてしまうことが多い。

複数の解決しなければならない問題がある場合，それらの優先順位は「重要度」と「緊急度」の観点から決められるべきである。優先順位の判定の基準とすべき「重要度」と「緊急度」を視覚的に把握する際に役立つのが，「重要度」と「緊急度」の座標平面図である。

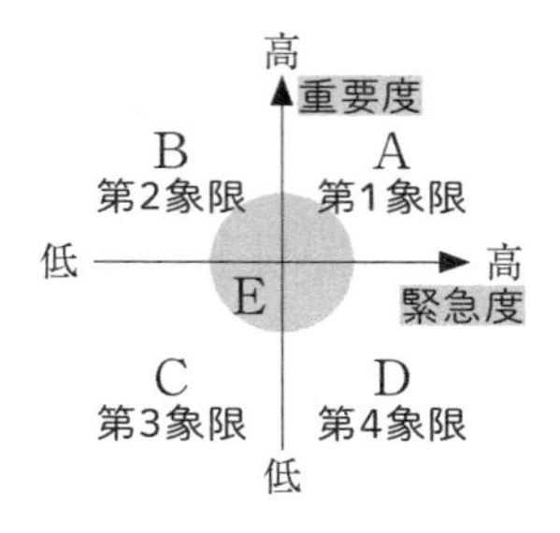

図2−4　問題の重要度と緊急度

図２−３の横軸（x軸）に「緊急度」，縦軸（y軸）に「重要度」を配すと，図２−４に示すような４象限の「重要度・緊急度座標平面図」ができ上がる。

じつは，「重要度」と「緊急度」を決めること自体，一筋縄でいくことではなく，そこに“他者”との「差」がつく要因が含まれているが，さまざまな問題Ａ〜Ｅの「重要度」と「緊急度」を論理的に検討した結果，図２−４のような典型的な配置が得られたとする。いうまでもなく，真っ先に取り組まなければならないのは重要度も緊急度も高いＡであり，取り組む必要がないのは重要度も緊急度も低いＣである。Ｃは，現時点では忘れてしまってもよい問題である。

重要度が高く，緊急度が低いＢは拙速を避け，じっくりと着実に取り組む必要がある。私自身は長いあいだ，半導体の分野で研究・開発の仕事をしてきた人間であるが，私自身の直接的な体験から，Ｂのように“緊急性はないが重要度は高い”（緊急性のない重要性を認めることができるのは優れた見識の証である！）という問題にじっくりと着実に取り組めるかどうかが，その組織（企業）あるいは個人の“底力”であり，このような“底力”の有無が将来の盛衰を決定するという確信がある。

私自身で図２-４のような典型的な配置図をつくってみたものの，「緊急度が高く，重要度が低い」Ｄのような問題が実際に存在するのかどうか，残念ながら思い当たらない。

日常的な多くの問題が，重要度も緊急度も「そこそこ」のＥに属するのではないだろうか。このような問題の迅速な解決の積み重ねが，個人の成長につながるのではないかと思う。

結局，図２-４に示されるＡ，Ｂ，Ｅの問題に時を選んで取り組むべきである，という結論が得られるだろう。

複数の性質を一目瞭然にする座標平面図
——水の性質から人事考課まで

私は以前，５年間ほど“水”の研究をしたことがある。

私たちにとって，水は空気と同じように最も身近な物質であり，分子式が H_2O であることを誰でも知っている。簡単そうな物質に思えるが，じつは相当に複雑で，研究対象として非常に難しい物質だった（拙著『「水」をかじる』ちくま新書，2004)。

鉄に水をつけると鉄が錆びやすくなることからもわかるように，一般的に水は酸化性（酸化力）が強い物質である。このような酸化性，あるいはそれとは逆の還元性を示す一つの指標として「酸化還元電位（ORP)」というものがある。この数値が大きいほど酸化性が強い。一般的にい

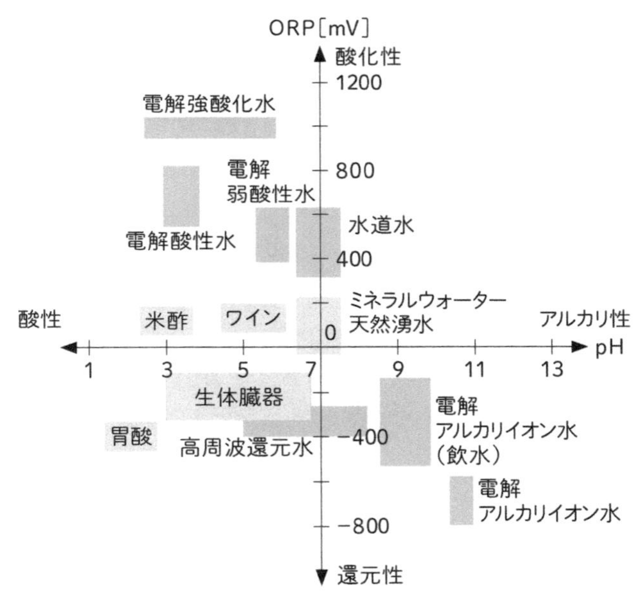

図2−5　さまざまな水（高橋裕ら編『水の百科事典』丸善、1997より）

えば，ORPが高い水は“まずい水”，“健康によくない水”である。

酸化性・還元性と似た性質に，48ページで述べた酸性・アルカリ性というものがある。これも飲料水の良し悪しを決める一つの要素となる。酸性・アルカリ性の指標には，前述のpHが使われる。

水に加え，さまざまな液体を［酸化性・還元性］（ORP）と［酸性・アルカリ性］（pH）の座標平面上に並べたのが図2−5である。

このように，複数の性質を表す座標平面を使うことによって，さまざまな物質の性質ばかりでなく，さまざまな事象や人事考課のようなものも視覚的にきわめてわかりやすくまとめることができる。座標平面の応用範囲は決して狭くはない。実生活におけるさまざまな場面で，大いに活用していただきたいと思う。

図形を数値化する──幾何と代数の融合

デカルト座標が登場したことで，平面と空間のすべての点が数値で表されるようになり，その結果，近代科学がスタートした。それが，こんにちの技術文明をもたらしたといってもよい。そういう意味でも，デカルト座標はやはり偉大な発明である。

平面と空間のすべての点を座標，つまり「数値」で表すという概念は，さらに「図形の数値化」をも可能にした。幾何学と代数学との融合をもたらしたのである。このことが，後述する関数や，そのグラフ化という，まさに自然界の諸現象を定量的に理解する画期的な手法へとつながる。

また，図形を数値化できるということは，図形をパソコン画面上に表示し，それを“情報化（2進法で変換処理）”して，デジタル通信するようなことにもつながるのである。

たとえば，図2-6ⓐに示す線分PQを考えてみよう。両端の点P，Qをそれぞれ(a, c)，(b, d)という座標で表すと，線分PQ間の距離d_{PQ}は「ピタゴラスの定理（三平方の定理）」によって，

$$d_{PQ}=\sqrt{(a-b)^2+(c-d)^2} \qquad (2.1)$$

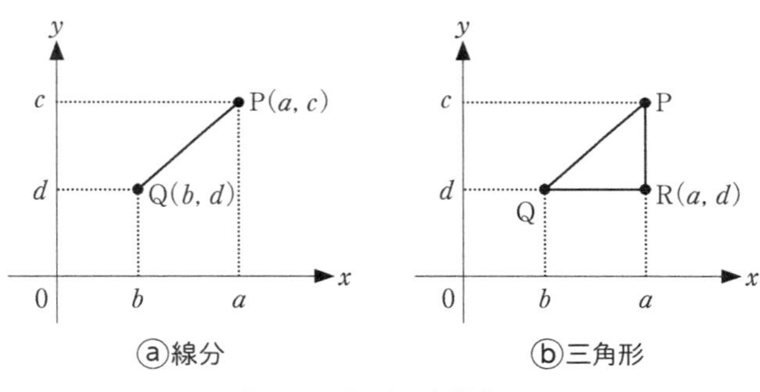

図2−6　図形の座標表示

で表される。

ところで，この「三平方の定理」が「ピタゴラスの定理」とよばれるのは，古代ギリシャのピタゴラスがその“発見者”であるという定説があるからだが，事実は異なる。バビロニア人はピタゴラスより少なくとも1000年前にその定理を知っていたし，中国人も知っていた可能性があるといわれている。

ともあれ，「ピタゴラスの定理」は純粋科学でも応用科学でも，科学のほとんどすべての分野に入り込んでいる定理であり，数学者・科学史家のブロノフスキー（1908〜74）に「ピタゴラスの定理は，依然としてこんにちまで，数学全体の中で唯一の最も重要な定理である」といわしめている。

ブロノフスキーが「数学全体の中で唯一の最も重要な定理である」という理由の一つは，すでに知られている証明法だけでも400をはるかに超えており，その数はなおも増え続けていることのように思われる。実際，最近になって「ピタゴラスの定理」をテーマにした分厚い本（E. Maor: THE PYTHAGOREAN THEOREM, Princeton University Press, 2007, 邦訳『ピタゴラスの定理』岩波書店, 2008）が刊行されているくらいである。

図2-6ⓑのような直角三角形PQRを考えると，その面積$S_{\triangle PQR}$（△は三角形を表す記号）は，

$$S_{\triangle PQR} = \frac{1}{2}(a-b)(c-d) \qquad (2.2)$$

で与えられる。

円を式で表す——座標の効果を体感する

次に，円について考えてみよう。

最近は，パソコンの図形ソフトを使って図形を描くことが多く，コンパスや定規のような道具を使って自らの手で図形を描くような機会はほとんどなくなってしまった。いま，点Cを中心にして半径rの円をコンパスで描こうとすれば，図2-7のように，コンパスの針を点Cに立て，鉛筆の芯を点Cから距離rのところにセットして，コンパスを1回転させる。円の形を描くことだけを考えれば，パソコンのソフトはまことに便利なのであるが，こうして原始的にコンパスを使って円を描いてみると，“円”というものがどのような図形なのかがよくわかるだろう。

つまり，円は一定点（中心C）から等距離（半径r）にある点Pの軌跡なのである。

図2-8のように，中心C(a, b)，半径rの円上にある点をP(x, y)とすれば，式（2.1）から

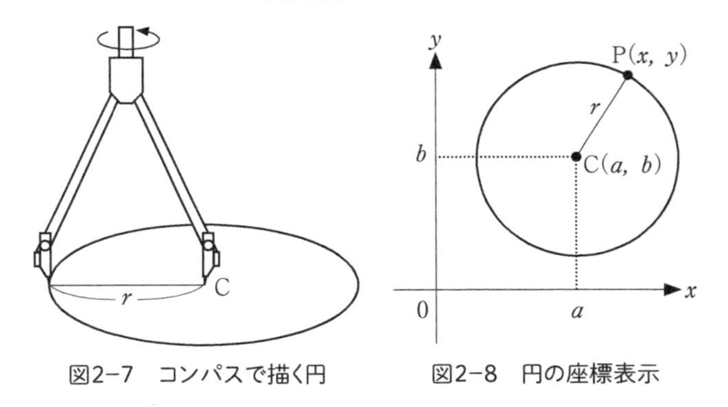

図2-7　コンパスで描く円　　図2-8　円の座標表示

$$\sqrt{(x-a)^2+(y-b)^2}=r \qquad (2.3)$$

となり，これを２乗して

$$(x-a)^2+(y-b)^2=r^2 \qquad (2.4)$$

が得られる。特に，中心が原点ＯであればＣ(0, 0) となるので，式 (2.4) は

$$x^2+y^2=r^2 \qquad (2.5)$$

となる。このことは，式 (2.4) で表される中心Ｃ(a , b) の円をそのまま中心が原点 (0, 0) にくるように平行移動したことを意味する。つまり，座標を導入することによって，円という“図形”が一般的に式 (2.4) という数式（方程式）で表されたわけである。

次に，円の“親類”である楕円(だえん)についても考えてみよう。

図２-９に示すように，楕円は円の縦横を一定比率で変形してできる形で，ラグビーボールの断面のような形をし

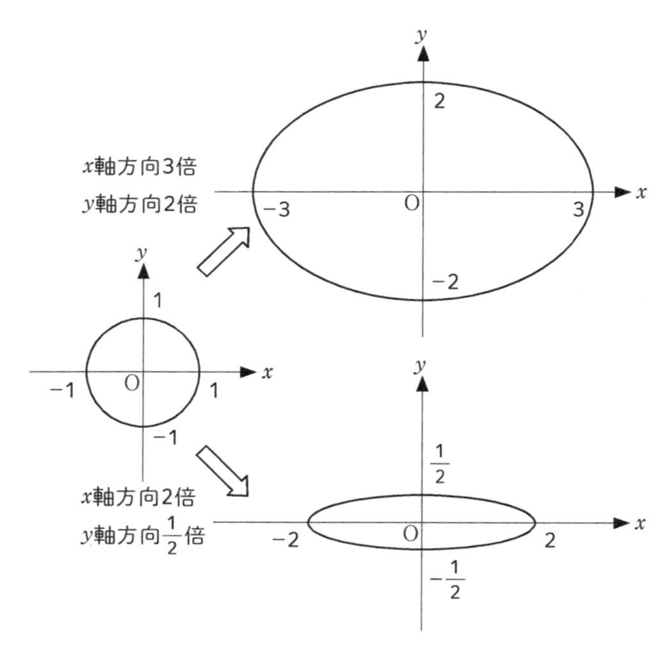

図2−9　円の変形で得られる楕円

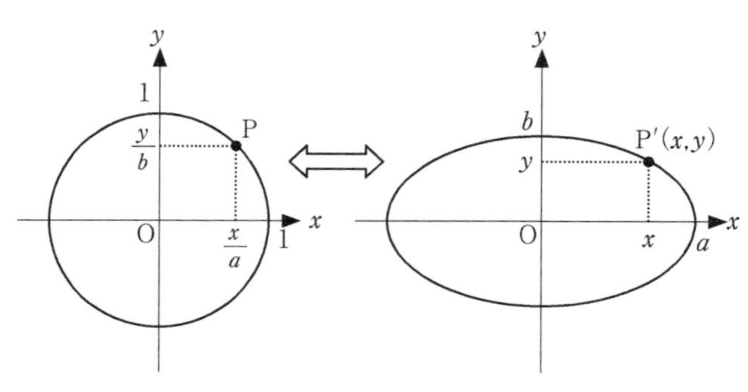

図2−10　円と楕円

ている。これを一般的に座標平面上で定義すると，図2-10のように「原点中心，半径1の円をx軸方向にa倍，y軸方向にb倍拡大して得られる曲線」ということになる。a，bは分数でもかまわない。a，bが1より小さい値であれば，“拡大”が“縮小”になる。

図2-10を見ながら，一般的な楕円を表す数式（方程式）を求めてみよう。

円のx座標，y座標をそれぞれa倍，b倍すれば楕円上の点になるのだから，楕円上の点P′(x, y)は円上の点P$\left(\frac{x}{a}, \frac{y}{b}\right)$に対応する。逆のいい方をすれば，円上の点P$(x, y)$は楕円上の点P′$(ax, by)$に対応する。つまり，式(2.5)より，原点中心，半径1の円を表す式は

$$x^2+y^2=1 \qquad (2.6)$$

だから，このx，yをそれぞれ$\frac{x}{a}$，$\frac{y}{b}$に置き換えれば

$$\left(\frac{x}{a}\right)^2+\left(\frac{y}{b}\right)^2=1 \qquad (2.7)$$

という楕円を表す数式（方程式）が得られる。

円や楕円を数式（方程式）で表す効果は，個別具体的な図形を離れて，一般的な円や楕円の性質を深く知ることができる点にある。一般化，抽象化してさまざまな数や図形の性質を調べられるのが数学の強みの一つなのだが，本書ではこれ以上深入りしない。

ここでは，最初は円や楕円の方程式を考えることなど，

いわんやそれらを導き出すことなど「とても無理！」と思われた読者に，一歩一歩考えながら，秩序立てて進んでいけば，それほど難しいことではないということを実感していただければ十分である。

2-2 なんでもグラフにしてみよう！

「木」よりもまず「森」を見よ――「本末転倒」を避けるヒント

およそ100年前，夏目漱石（1867～1916）は「道楽と職業」と題する講演の中で「開化の潮流が進めば進むほど，職業の専門化が進み，自分の専門は日に日に，狭く細くなっていき，ちょうど針で掘り抜き井戸を作るようなもので，全体を眺めることができなくなる」「昔の学者はすべての知識を自分一人で背負って立ったようだが，いまの学者は自分の研究以外のことはなにも知らない」と語っている。それから100年後のいま，その傾向が一段と高まっていることを，私は日々実感する。

たとえば，がんの治療で多量の抗がん剤を投与した結果，がん細胞そのものは“撲滅”できたかもしれないが，その抗がん剤が身体全体のバランスを壊し，肝腎の患者の命が失われてしまった，というような話はしばしば耳にすることである。近年，医療の分野では「専門化」が著しく進み，「対症療法」によって局部的な傷や病気は治ったけれど，身体全体がおかしくなって，結局，死にいたった，という実例をいくつか私は個人的に知っている。

みなさんの周囲にも，“似たような話”が少なからずあるのではないだろうか。つまり，「本末転倒」ということである。

より身近な例でいえば，“ポイント”をもらうために，特に必要でもないものを買ったり，ガソリンを近くの店より1円安く売る遠くの店へ車で（ガソリン代を使って！）買いにいくようなこともあるだろう。世の中に「本末転倒」はあふれている。

「木を見て森を見ず」という言葉もある。「部分的な事柄に目が届くだけで，関連する対象の全貌を見渡す視野に欠けること」という意味である。

さまざまな情報を得たとき，私たちはまず，その概要・大枠（「森」）を理解することが大切である。情報を他人に伝える場合も同様で，まず「森」を示すべきである。いきなり細部（「木」）を見ても，あるいは見せられても，概要・大枠（「森」）が把握できていなければ，細部（「木」）をほんとうに理解することは決してできないからだ。

そして，「森（全体）」を見ようとするとき，きわめて効果的な手段の一つが「グラフ」である。グラフとは，「2つ以上のものの数量的関係，変化を直線や曲線などで表した図形」であり，一般的には，統計の内容を図示し，その大要が的確，容易に把握，理解できるようにしたものである。図2-11に示すように，グラフにはその形状から棒グラフ（ヒストグラム），折れ線（線）グラフ，円グラフ，帯グラフなどがある。

ここで，171ページ図3-11，172ページ図3-12を見ていただきたい。いずれも棒グラフの実例であるが，それらのグラフの元になった数値データを表2-1に示す。グラフが「森（全体）」とすれば，表が示すのは1本1本の「木（部分）」である。個々の具体的な数値（「木」）を知る

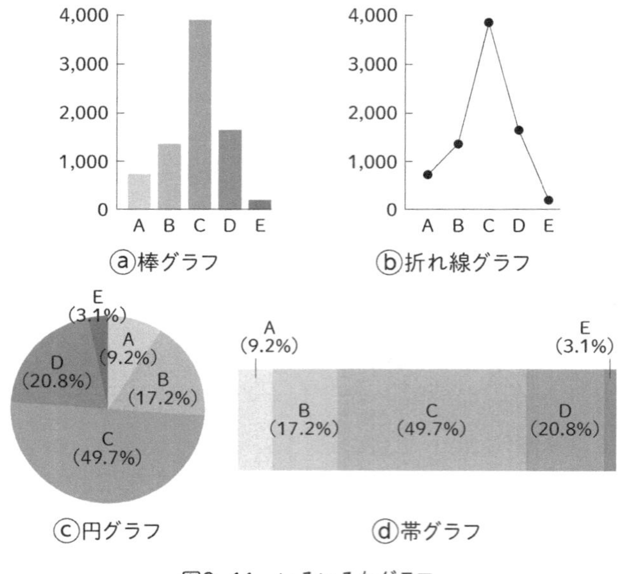

図2−11　いろいろなグラフ

ポイント	図3−11の度数	図3−12の度数
0	2	13
1	5	11
2	8	9
3	16	8
4	18	7
5	20	6
6	22	8
7	21	10
8	18	14
9	12	17
10	2	22

表2−1　図3−11, 図3−12の元データ

営業課員	商品A（個）	商品B（個）
1	114	23
2	119	21
3	130	28
4	112	20
5	110	32
6	122	24
7	125	25
8	118	23
9	117	20
10	135	18
11	126	22
12	124	22
13	132	29
14	111	19
15	112	16
16	122	21
17	112	22
18	121	22
19	121	23
20	116	19
21	115	18
22	111	19
23	112	20
24	121	28
25	110	18
26	115	21
27	117	20
28	116	23
29	127	25
30	118	17
31	112	20
32	115	23

表2−2　営業課32名の商品Aと商品Bの販売実績

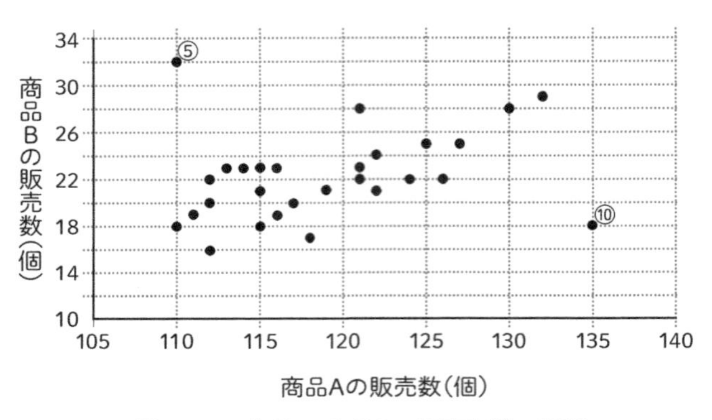

図2−12　商品A、商品Bの販売実績の相関

ためには表を見なければならないが，私たちがまず知るべきことは，“全体の傾向（「森」）”であることが多い。図3-11，図3-12を見れば，全体的な傾向が一目瞭然だろう。

表2-1の場合は全体の傾向が単純なので，表だけ眺めていても，ある程度の傾向を把握することが可能であるが，たとえば表2-2の場合はどうだろうか。某社の営業課員32名の，商品Aと商品Bの販売実績をまとめたものである。商品Aと商品Bの販売実績になんらかの相関があるのかを知りたくて作成された表である。しかし，表2-2をいくら眺めても，なんの相関も見えてこない。

営業課員32名について，各人の商品Aの販売数を横軸に，商品Bの販売数を縦軸にプロットすると図2-12のようになる。●が1人の実績を表すが，こうしてグラフ化することで，はっきりした相関が見えてくる。つまり，売る能力がある人は商品Aも商品Bも売れるし，能力がない人は商品Aも商品Bも売れない，ということである。

このような右上がりの相関を「正の相関」とよぶ。5番と10番の営業課員の販売数には，商品Aあるいは商品Bに著しい偏りが見られるが，これらは特殊なケースで，その理由に興味が湧いてくる。概要・大枠（「森」）を把握したうえで，細部（「木」）への関心が強まることも，グラフの効果の一つである。

相関にもさまざま――グラフが教えてくれること

図2-13ⓐとⓑはそれぞれ，事象Aと事象Bのあいだに見られる異なった相関を示すグラフである。

図2-12にならって，事象Aを「商品Aの販売数」，事象Bを「商品Bの販売数」とすれば，図2-13ⓐから「商品Aを売るのが得意な人ほど商品Bを売るのが苦手，商品Bを売るのが得意な人ほど商品Aを売るのが苦手」ということが読み取れる。このような右下がりの相関を「負の相関」とよぶ。

また，図2-13ⓑからは「事象Aと事象Bのあいだにはなんの相関もない」ということが読み取れる。このようなとき，「事象Aと事象Bは無相関である」という。

以上の例で示したように，数値データをグラフ化することによって，「森」すなわち大局的な現象がはっきりと見えてくるのである。「森」を見た後に，個々の「木」を見れば，個別の問題に対処することが容易になる。「木」だけを見ていても決して「森」は見えず，したがって個別の問題に対処することは困難である。

また，「木」を知ってから「森」を見れば，「森」の本質がわかるだろう。このことは，自然現象のみならず，あら

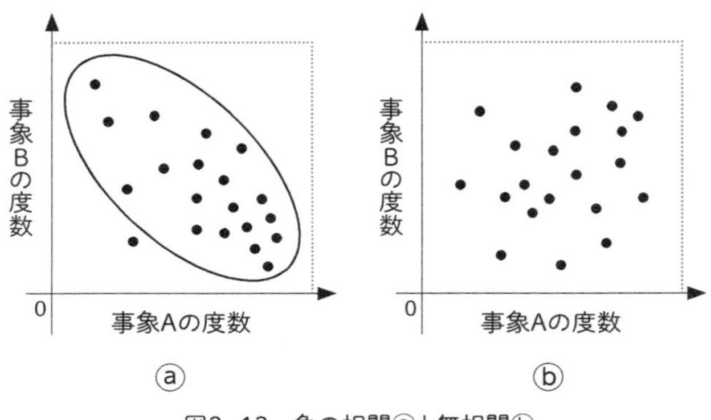

図2−13　負の相関ⓐと無相関ⓑ

ゆる社会現象，日常生活の中でも，あまねくいえることである。

ここでいま，私がふと思いついたのは，雨上がりのときに見られる円弧状の虹のことである。虹はどのようにしてできるのか，そのメカニズムは結構厄介である。なにせ，座標を発明したあのデカルトでさえ，その解明に苦労したくらいである。

しかし，ニュートンが実験で示した，三角形のガラス製のプリズムを通った太陽光が光のスペクトル（“虹”）をつくることを知っていれば，大空の虹のメカニズムを解明する大いなる助けになるだろう。いわば，プリズムが「木」で，虹が「森」である。大気中に浮かぶ無数の水滴の１粒１粒がプリズムの役割を果たし，壮大な虹を形成するのである。

デカルトが苦労したのは，彼の時代にはまだ，ニュートンの“プリズムの虹”を誰も知らなかったからである。虹や光のスペクトルの話（とても面白い！）に興味がある読者は，本書の姉妹編『いやでも物理が面白くなる〈新版〉』をぜひ読んでいただきたい。

分類	実数	割合(%)
A	724	9.2
B	1348	17.2
C	3892	49.7
D	1627	20.8
E	243	3.1

表2−3　ある統計データ

目的に応じてグラフを使い分ける——何をどう見たいか

たとえば，表2-3に示すような統計データがあるとする。ふつうは，このような数字が羅列されただけのデータを見ても，なかなか実態がつかみにくいものである。じつは，このデータの大要を的確，容易に把握，理解できるように，4種のグラフで表したものが78ページ図2-11であった。どのグラフが最適かは，A～Eの内容，グラフの目的で決まる。

A～Eの“実数”の大小を比較するのが目的であれば，図2-11ⓐの棒グラフが最適である。ⓑの折れ線グラフも実数を表しているが，各データ点が線でつながれていることから，A～Eが時間的変化に対応するような場合，つまり時系列データを表現する場合に用いられるべきである。このような時系列データを表すグラフの実例を図2-14に示す。

図2-14は“折れ線”ではなく“曲線”に見えるが，それは各データ点の間隔が狭いためであり，基本的には“折れ線”グラフである。また，図2-11ⓑのようにデータ点が少なく，データ点の間隔が広い場合でも，“連続的（アナログ的）な時間の流れ”を自然に表すために，データ点を通過

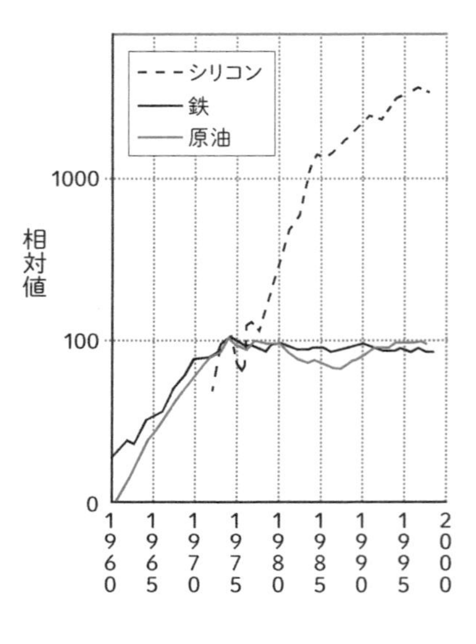

図2–14　鉄の生産量、原油輸入量、シリコン単結晶の国内需要の推移

鉄(粗鋼)の生産量は重量ベース、原油輸入量は容積ベース、シリコン単結晶の国内需要は重量ベース。いずれも1973年の値を100として指数化。(資料：国勢社、新金属協会)

する曲線を引く場合がある。“曲線”と“折れ線”に本質的な違いはないので，これらをあわせて“線グラフ”とよぶことにする。

いずれにしても，線は点の集合である。じつは，この「線は点の集合」という概念は，数学における最も重要な概念の一つである「微分」「積分」の原理の基本であり，第４章，第５章でふたたび登場する。

さて，グラフの目的がＡ～Ｅの実数そのものではなく，“割合”を示すことにある場合は，図２-11ⓒの円グラフやⓓの帯グラフが適している。円グラフは，円形のパイを分配するときのことが思い浮かぶので，英語では“パイ・チャート（pie chart)”とよばれる（私は，パイよりもピザのほうがより実感があると思うが，“ピザ・チャート”とよ

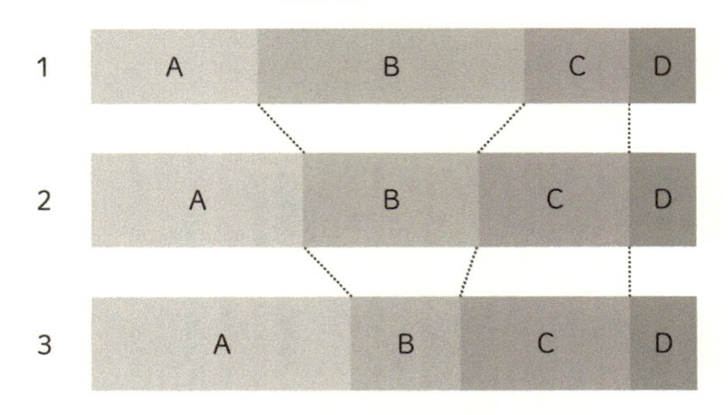

図2-15 縦に並べた複数の帯グラフ

ばれることはない)。いずれにしても，円グラフを見れば，“割合”が一目瞭然である。見た瞬間に，視覚的に割合を把握できる効用がある。

帯グラフも割合を表すのに適しているが，円グラフがかなわない利点を備えている。複数の帯グラフを図2-15のように縦に並べることによって，たとえば，部門ごとの“割合”の違い，ある“割合”の時系列変化などを視覚的に把握することができるのである。

円グラフや帯グラフの中に“実数”を書き込むこともできるが，これらのグラフの主眼はあくまでも“実数”そのものではなく，“割合”を示すことにある。

未来予測を可能にするグラフ

図2-11に示すさまざまな様式のグラフのなかで，特に重要なのは線グラフで，続く2-3節以降にもっぱら登場するのも線グラフである。

たとえば，「時間」を横軸にとることによって，現象あ

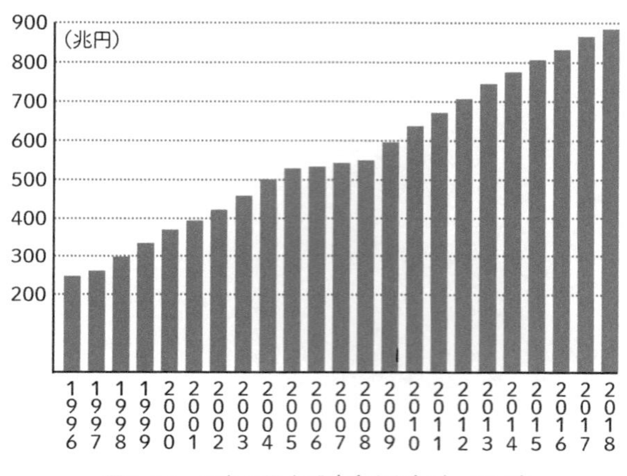

図2−16　日本の借金残高(財務省データより)

るいは数値の時間的変化が明瞭に示され，その“線”を延長することによって，“未来予測”が可能になる。線グラフの潜在的“未来予測”可能性は，さまざまな分野できわめて重要な意味を持っている。

先に示した図2−14は，鉄と原油と半導体シリコンの生産量，輸入量，需要量の推移を表すグラフであるが，ここに示される“線”の動向から，鉄と原油が“頭打ち”であるのに対し，半導体シリコンの需要は年ごとにますます増加していることがわかる。これらの“線”を推計に基づいて延長すれば，このような傾向が将来的にも，少なくともしばらくは，続きそうであることが読み取れるのである。私自身，かつて半導体シリコン結晶の研究に従事していた頃，とても勇気づけられたグラフであった。

図2−16は，1996〜2018年の日本の借金残高を棒グラ

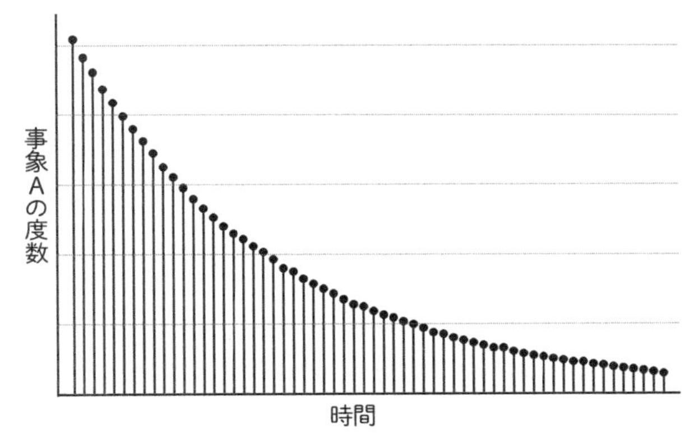

図2−17　事象Aの時間的変化

フで表したもので，このように“棒”を時系列に並べることによっても，実質的に上記の線グラフの利点を得ることができる。図２-16から，日本の借金は年を経るに従って増大していくことが容易に読み取れ，実際に現在もその傾向が続いているのは周知の通りである。

図２-17に，時間的に減少していく事象Ａの動向を示す。この事象の時間的変化は直線的あるいは緩やかではなく“急激”で，このような“急激な変化”を数学用語では「指数関数的変化」とよぶ（指数関数については次節で述べる）。

このように，年（時間）とともに指数関数的に減少していくものとして，私の頭に真っ先に浮かぶのは公衆電話や町中の銭湯（大衆浴場）の数である。

いずれにしても，グラフによってある量を比較したり，ある量の割合や時間的変化を図式化することは，さまざまな事象を具体的，論理的に考えるのに便利であるし，思考の大きな助けにもなる。

読者のみなさんには，さまざまな分野でぜひとも活用していただきたい技術である。

なんでもグラフで表せる!

以下，次節に移る前の“休憩”として読んでいただきたい。

図2-18は，私の平均的な一日の中の“満腹度”の時間的変化である。6，12，18時に食事をとるとすると，その時点での満腹度は不連続的に上がるので，そこは点線で表されており，この図から，私の“昼食重視”の姿勢が読み取れる。

また，たとえば，ある人（わかりやすいように“異性の人”としよう）と出会ったときからの“好き度”の時間的変化を考えると，図2-19のようなグラフが考えられる。A，B，C，Dはそれぞれタイプが異なる。

Aは激しく“一目惚れ（ひとめぼ）れ”したのであるが，徐々に熱が冷めていくタイプ，Bは熱しやすく冷めやすいタイプ，Cは時間を経るに従って“好き度”が増していくタイプである。Dは短い期間だけ付き合って次々に相手を替えていくか，同じ相手でも好きになったり別れたりを繰り返すタイプである。読者のみなさんはどのタイプに属しますか。私は……，おっと秘密。「どのタイプがいちばん幸福か」は難しい問題であるが（あとで，この“難しい問題”を解く積分法を応用した方法を伝授します），付き合いを重ねる中で，徐々に“好き度”が増していくタイプCが理想なのでは

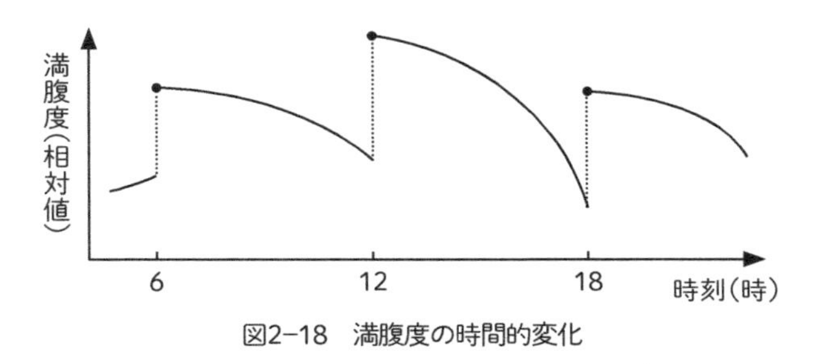

図2−18 満腹度の時間的変化

ないだろうか。

私は日常生活の中で，さまざまなことをなんでも“グラフ化して見る”というクセがついている。グラフ化することによって，事象がとてもはっきり見えてくるからである。

体重を気にしている人は，毎日の体重の変化を78ページ図2-11ⓑや84ページ図2-14のような線グラフに記録し，毎日眺めることが効果的だろう。

医師から高血圧を指摘されている私は毎日，血圧を線グラフに記録して眺めている。また，日によっては，朝起床してから夜就寝するまで，2時間おきくらいに活動内容(食事，原稿書き，休憩，読書，間食，散歩，入浴など)とともに記録し，線グラフ化することもある。これらのグラフを眺めることによって血圧が低くなることはないが，どういうときに血圧が高くなるのかを自覚するのにとても役立っている。そして，血圧が高くなるようなことはなるべくしないことにしているのである。夢であれ現(うつつ)であれ，「腹を立てる」ことがいちばん悪いのは明らかであり，私は「批難立腹落胆無用」(自作)を座右の銘にしている。

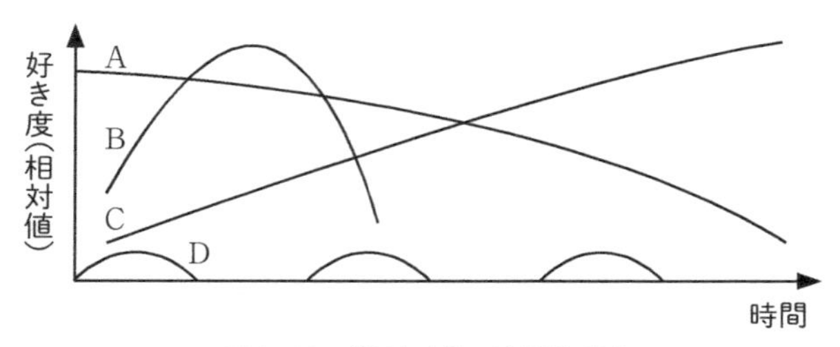

図2−19 “好き度”の時間的変化

さまざまな事象について集めたデータから新しい知見を得ようとする場合，何を横軸に，何を縦軸に持ってくるのかを決め，それらの“何”と“何”との関係をグラフ化することによって，その現象にひそむ理屈や傾向が明瞭に浮かび上がってくることが多い。私自身，長年の研究生活の中で，グラフが気づかせてくれた“新発見”や“論理構築”を何度も経験している。みなさんにもぜひ，日常生活の中でグラフの効用を実感していただきたい。

2-3 なんでも関数で表そう！

「関数」とはなにか

すでに“関数（かんすう）”という言葉を使っているが，この“関数”の意味について考えてみる。

昔（私が中学生だった頃まで？）は，“関数”を“函数（かんすう）”と表記していた。“関数”は英語では“function”であるが，中国語でこの英語の発音に近い“ハンスウ（函数）”をあてたといわれている。中国語ではいまでも“函数”だが，日本では現在，“関数”が一般的に使われている。以下に述べる「関数」の意味を考えれば，“函（箱である！）”よりも“関”

のほうが適しているのは明らかである。

「関数」を日本を代表する国語辞典『広辞苑 第七版』で調べてみると,「数の集合 A から数の集合 B への写像 $y=f(x)$ のこと」と書かれている。“写像”がよくわからないので,これを調べてみると,「集合 A と B があり,A の各要素 x に一定の規則 f によって B の一要素 y が対応づけられているとき,f を A から B への写像といい,$f: A \to B$ と書き表す。また対応する要素を明示して $y=f(x)$ と書く」と書かれている。

結局,わかったようなわからないような(私にはよくわからない)説明である。『広辞苑』は,ほんとうの意味をほんとうにわからせようと書かれているものなのだろうか。

ともあれ,要するに,2つの変数 x と y が,「ある関係 f」を保ちながら動き,一方の x が決まれば,この「ある関係 f」に従って y も一義的に決まるというとき,$y=f(x)$ のように書き表し,「y は x の関数である」というのである。$y=f(x)$ の関係において,x を独立変数,y を従属変数とよぶ。f は,先に出た“function”の頭文字である。

第3章の冒頭で述べるように,関数関係は自然現象の中に多く見られるが,そのことが私には不思議で仕方ない。

ところで,私は夏目漱石の熱狂的なファンで(拙著『漱石と寅彦』牧野出版,2008参照),小説は繰り返し,何度も読んでいる。いちばん好きなのは,やはり『吾輩は猫である』で,この中に,愛弟子の物理学者・寺田寅彦(1878〜1935)がモデルである“寒月(かんげつ)君”が登場する次のような場面がある。

寒月君は夫とも知らず座敷で妙な事を話して居る。
「先生障子を張り易へましたね。誰が張つたんです」
「女が張つたんだ。よく張れて居るだらう」
「えゝ中々うまい。あの時々御出になる御嬢さんが御張りになつたんですか」
「うんあれも手伝つたのさ。此位障子が張れゝば嫁に行く資格はあると云つて威張つてるぜ」
「へえ，成程」と云ひながら寒月君障子を見詰めて居る。
「こつちの方は平ですが，右の端は紙が余つて波が出来て居ますね」
「あすこが張りたての所で，尤も経験の乏しい時に出来上つた所さ」
「なる程，少し御手際が落ちますね。あの表面は超絶的曲線で到底普通のファンクシヨンではあらはせないです」
と，理学者丈に六づかしい事を云ふと，主人は
「さうさね」と好い加減な挨拶をした。

ここに「超絶的曲線」なるファンクション（関数）が登場している。この「超絶的曲線」というのは，三角関数や対数関数など，代数関数以外の関数（超越関数）がなければ表すことができない曲線のことであるが，障子の表面がしわになって，複雑にうねっているようすを理学士・寒月君らしく表現したものである。本書の中には，超越関数のような“六づかしい”関数は出てこないので，ご安心を。

世の中は関数だらけ――収入は何で決まる?

グラフとは,「2つ以上のものの数量的関係や変形を,直線や曲線などで表した図形」のことで,グラフの効用が数学の中だけに限られるものではないのと同様に,関数関係も数学の中だけに見られるものではない。たとえば,

① 風力発電量$=f$(風速)
② アルバイト収入$=f$(労働時間)

などは容易に思い浮かぶ関数関係である。左辺が従属変数,右辺の( )内が独立変数である。「風力発電量」が「風速」に,「アルバイト収入」が「労働時間」に関数的に依存することを示している。

また,図2-19も

③ 好き度$=f$(時間)

で表されるだろう。酒飲みにとっては,

④ 酔度$=f$(酒量)

であることはよく理解できるはずだ(もちろん,いくら飲んでも酔わない人には,この関数関係は適用できない)。

日常生活においては,

⑤ 体重増加量$=f$(食事量)
⑥ 体重減少量$=f$(運動量)
⑦ 知識$=f$(読書量)

などなど,“関数関係”にある事象はいくらでも見つかる。むしろ,自然現象や社会現象,日常生活においては,関数

関係にないもののほうが少ないだろう。

上記の例で，①と②は比較的簡単な$y=f(x)$の数式（関係式）で表すことができ，xが決まればyが一義的に決まる。しかし，③〜⑦のような関係は，はっきりと数式（関係式）で普遍的に定められる関係ではない。xを指定しても，yが一義的に決まるとは思えない（もし一義的に決まれば，とてもありがたいのだが）。つまり，xとyとの関係はあいまいである。

したがって，③〜⑦のような関係を“関数関係”とよぶのはいささか不適切である。これらは本来，“因果関係”とよばれるべきだろう。

これから本書が扱うのは，xとyとの関係が数式で明示される，ほんとうの関数関係に限る。つまり，上述のように「xが決まれば，fという関係に従ってyも一義的に決まる」$y=f(x)$という関数関係である。したがって，話は簡単明瞭である。

ところで，いま，③〜⑦のような“因果関係”は数式で明示できるものではないので，“関数関係”とよぶのは不適切と書いたが，いまのところは“因果関係”であっても，今後，これらの分野の研究が進み，さらに人工知能（AI）が発達すれば，将来的に$y=f(x)$で表される関数が発見されることを，私は頭から否定するものではない。

1次関数のグラフ──直線関係を表す

一般に，自動車のような乗り物は一定の速さで走行しているわけではなく，図2-20に示すように，速くなったり遅くなったり，あるいは止まったりしている。平均して速

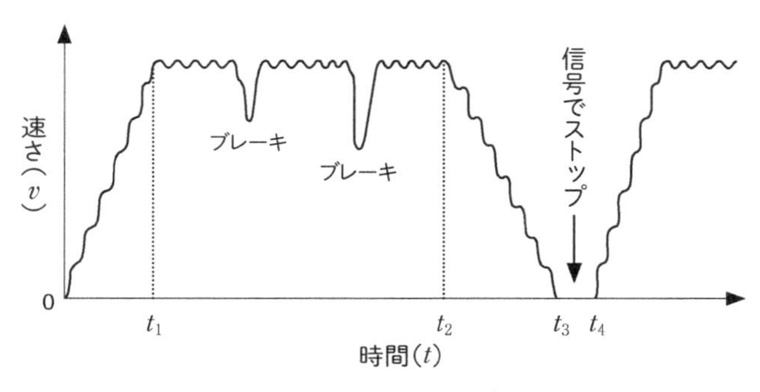

図2-20　時間ー速さのグラフ

さ v で走っているとすると，時間 x のあいだに走行する距離 y は，

$$y=vx \qquad (2.8)$$

で与えられる。走行距離 y は走行時間 x に依存するので，走行時間 x が独立変数，走行距離 y が従属変数であり，式（2.8）は

$$y=f(x)=vx \qquad (2.9)$$

と表される。式（2.9）には，x^2 や x^3 のような x の２乗以上の項が含まれず，x のみなので「y は x の１次関数である」という。後述する「１次方程式」の「１次」と同じである。

たとえば，時速50km（50km/h）と時速100km（100km/h）で走行する乗り物の x 時間（h）の走行距離 y km は，それぞれ

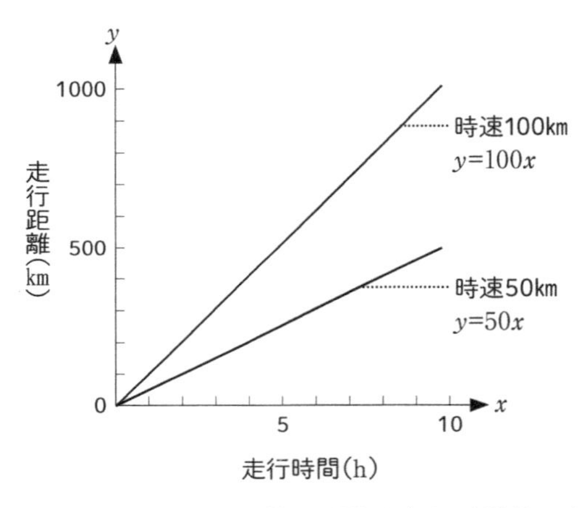

図2−21　走行時間と走行距離との関係を表す1次関数のグラフ

$$y\ [\mathrm{km}] = 50\ [\mathrm{km/h}] \times x\ [\mathrm{h}] \qquad (2.10)$$

$$y\ [\mathrm{km}] = 100\ [\mathrm{km/h}] \times x\ [\mathrm{h}] \qquad (2.11)$$

となる。これらの式をグラフ化したのが図2-21である。

式（2.10）と式（2.11），図2-21は，走行距離が走行時間に比例する直線的な比例関係を示しており，速さvが比例定数である。式（2.10），式（2.11）と図2-21を見比べれば，関数をグラフ化することによって，その内容が一目瞭然に理解できることを実感するだろう。

1次関数の一般形は，

$$y = f(x) = ax + b \quad (a \neq 0) \qquad (2.12)$$

で表される。たとえば，$a > 0$の場合，式（2.12）のグラフは図2-22の①に示すように，y軸上の点（0, b）を通

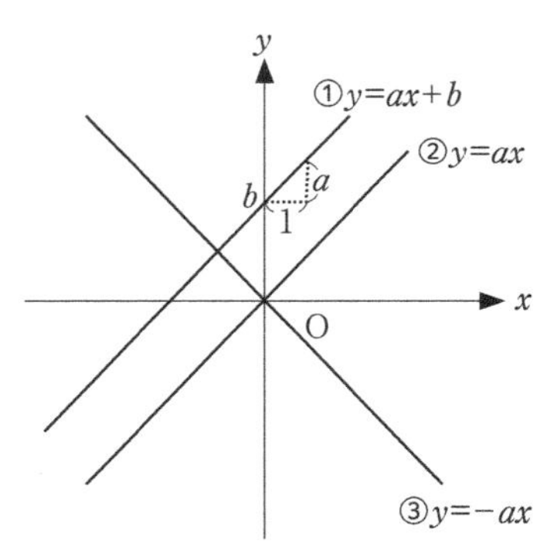

図2−22　一般的な1次関数のグラフ

り，傾きがa $\left(=\dfrac{a}{1}\right)$ の直線である。そこで，式（2.12）は直線の方程式ともよばれる。また，直線がy軸を横切る点（0, b）をy切片とよぶ。

図2-22の②は式（2.12）で$b=0$の場合である。したがってグラフ①は，グラフ②をy軸方向にbだけ平行移動したものといえる。傾きが$-a$（<0）のグラフ③は，グラフ②を$y=0$の軸（つまりx軸）を中心に折り返した形（対称形）になる。グラフ①の傾きが$-a$になった場合は，$y=b$の軸を中心に折り返した対称形になる。

図2-21は，$b=0$, $x \geqq 0$, $y \geqq 0$で$a=100$と$a=50$の場合のグラフである。

分数関数のグラフ――反比例する関係を表す

「何をいまさら」といわれそうだが，矩形（くけい）（長方形）の面積は「横の長さ×縦の長さ」の積で求められる。横の長さ

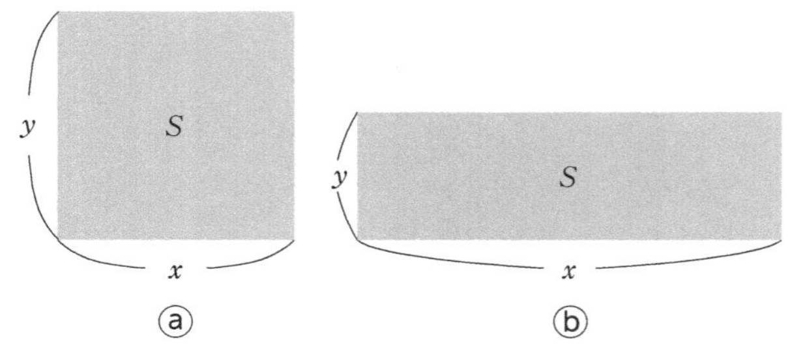

図2−23　形が異なる同じ面積の矩形

をx，縦の長さをyとすれば，面積Sは

$$S=xy \qquad (2.13)$$

で求められる。この関係を満たす矩形としては，たとえば図２-23に示すようなさまざまな形のものがある。式(2.13)は，積(S)が一定なのだから，「xが大きくなればyは小さくなり，xが小さくなればyは大きくなる」ことを示している。式(2.13)を変形すると，

$$y=f(x)=\frac{S}{x} \qquad (2.14)$$

が得られる。このような形の関数(Sは定数)は，一般に「分数関数」とよばれる。一般的な形の分数関数は，１次関数と似た$\frac{1}{ax+b}$で与えられる。この関数の中には，xの１乗しか含まれていないので，“１次関数の仲間”とよんでもよいだろう。話を簡単にするために，式(2.14)で$S=1$として，

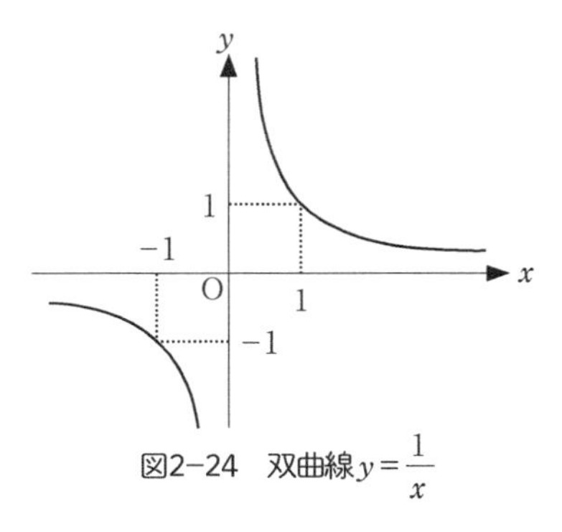

図2−24　双曲線$y=\dfrac{1}{x}$

$$y=f(x)=\frac{1}{x} \qquad (2.15)$$

のグラフを描くと図2−24のようになる。一般に$y=\dfrac{a}{x}$（$a>0$）のグラフは，このように2つの曲線からなるので「双曲線」とよばれる。$a<0$の場合は，同じ形の双曲線が第2象限と第4象限にくる。

自然現象に現れる分数関数——ボイルの法則もこれ！

式（2.13）のような関係式は，自然界のさまざまな現象や物理学のさまざまな場面に現れてくる。何度も同じことを繰り返すが，人間とはまったく関係のない自然現象が，人間が創った数式で表現できることが私には不思議で仕方ない。以下，自然現象に見られる分数関数の一例を紹介しよう。

物質は，その物理的状態，具体的には原子あるいは分子

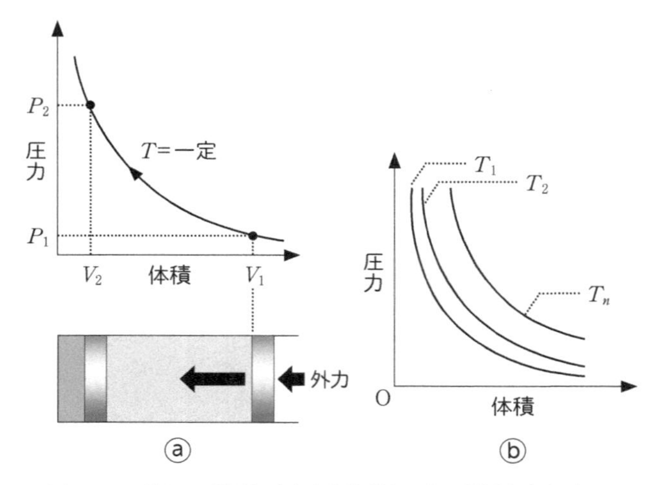

図2−25　ボイルの法則、すなわち体積と圧力の関係を表すグラフ

の結合状態によって，「気体」「液体」「固体」の３態に分類される。これら３態のうち，気体を構成する原子（分子）は離れ離れになっており，ほとんど自由に運動している。したがって，気体は定まった形を持たないばかりでなく，自ら限りなく膨張しようとし，何かの容器に閉じ込めない限り定まった体積も持たない。

閉じ込められた気体の圧力 P と体積 V とのあいだに，

$$PV = 一定 \qquad (2.16)$$

という関係があることを最初に明らかにしたのは，イギリスのボイル（1627〜91）である。この一定値を C とすれば，

$$P=f(V)=\frac{C}{V} \qquad (2.17)$$

あるいは

$$V=f(P)=\frac{C}{P} \qquad (2.18)$$

の分数関数が得られる。

図2-25ⓐは，容器に閉じ込めた気体を一定温度に保ったまま，外力によって圧縮していった場合の体積と圧力との関係を示すものである。一定温度をT_1，T_2，…，T_nと変えると，グラフは温度に応じて図2-25ⓑのように変化し，一般に，温度T_nの条件下では

$$PV=C_n \qquad (2.19)$$

が成り立つ。これを「ボイルの法則」といい、冷蔵庫やエアコンの原理となっているものである。

2次関数のグラフ——「上に凸」か「下に凸」か

中学校の数学で習った2次関数や2次方程式に，強い印象を持っている読者は少なくないと思う。2次関数の一般形は，a，b，cを定数として

$$y=f(x)=ax^2+bx+c \quad (a\neq 0) \qquad (2.20)$$

である。最も単純な2次関数である

$$y=f(x)=x^2 \qquad (2.21)$$

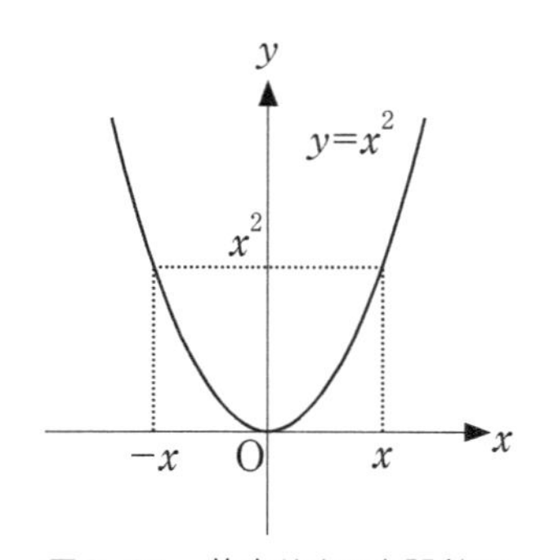

図2−26　基本的な2次関数のグラフ

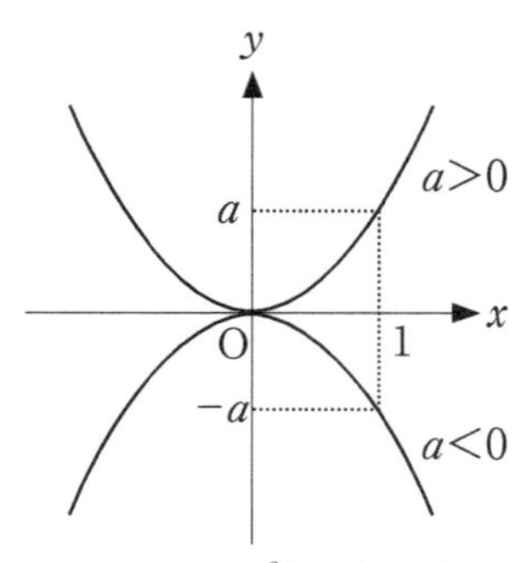

図2−27　$y=ax^2(a\neq0)$のグラフ

について考えてみよう。

xに具体的な数値を入れてみれば明らかなように，一般に，どのような実数に対しても

$$y=f(x)=f(-x)=x^2 \qquad (2.22)$$

が成り立つ。つまり，つねに$f(x)\geqq 0$である。そこで，$y=f(x)=x^2$のグラフ（２次曲線）は，図２-26のようになる。式（2.21）を一般化した

$$y=f(x)=ax^2 \quad (a\neq 0) \qquad (2.23)$$

のグラフは，図２-27に示すように，$a>0$のとき下に凸，$a<0$のとき上に凸の形になる。また，図２-27から明らかなように，$y=ax^2$と$y=-ax^2$のグラフはx軸に関して対称になっている。なお，軸と２次曲線との交点を頂点とよぶ。

式（2.23）で表される２次関数のグラフが図２-27で表

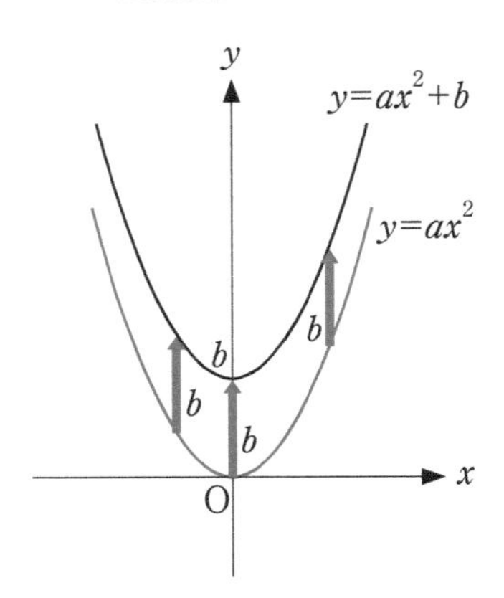

図2−28　2次関数のグラフのy軸方向への平行移動

されるとすれば，

$$y=f(x)=ax^2+b \qquad (2.24)$$

のグラフは，$y=ax^2$ のグラフを y 軸方向に b だけ平行移動したものになることは容易に理解できるだろう。実際，式(2.23)のグラフと式(2.24)のグラフとの関係は，$a>0$ のとき図2-28のようになる。$a<0$ の場合も同様に考えればよい。また，

$$y=f(x)=a(x-b)^2 \qquad (2.25)$$

のグラフは図2-29に示すように，$y=ax^2$ のグラフを x 軸方向に b だけ平行移動すれば得られる。

以上の考察をもとに，

$$y=f(x)=a(x-b)^2+c \qquad (2.26)$$

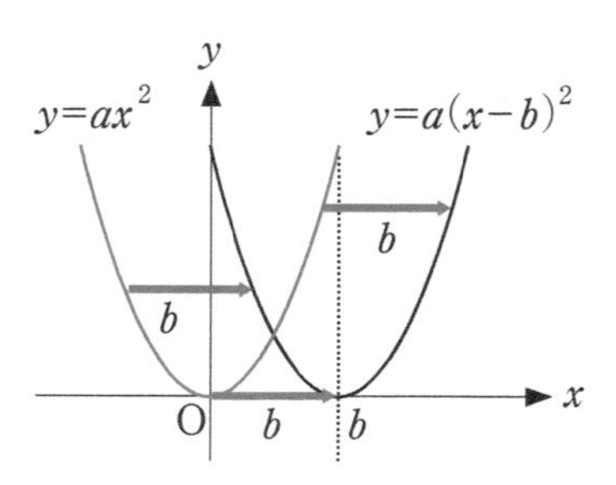

図2−29　2次関数のグラフのx軸方向への平行移動

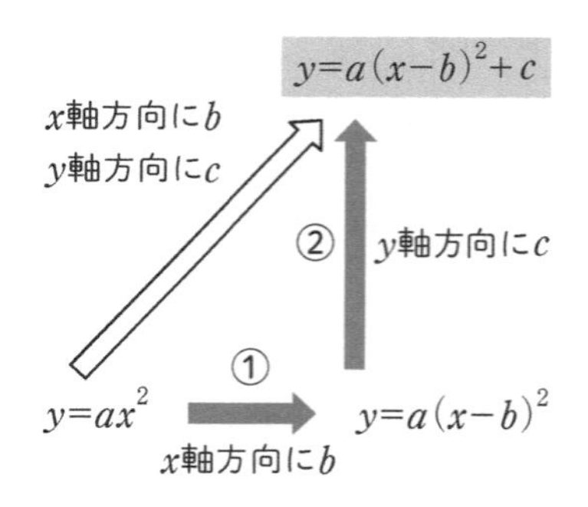

図2−30　平行移動の操作

のグラフがどのようなものになるか考えていただきたい。

図2-30に示す操作①，②に従って，$y=ax^2$ のグラフを平行移動すればよいのである。もちろん，平行移動の操作は①と②が逆になってもよい。その結果を，2次関数のグラフの一般形として図2-31に示す。

指数関数のグラフ——細胞分裂をわかりやすく示すには

0がたくさん並ぶ膨大な数を扱うのに便利な指数につい

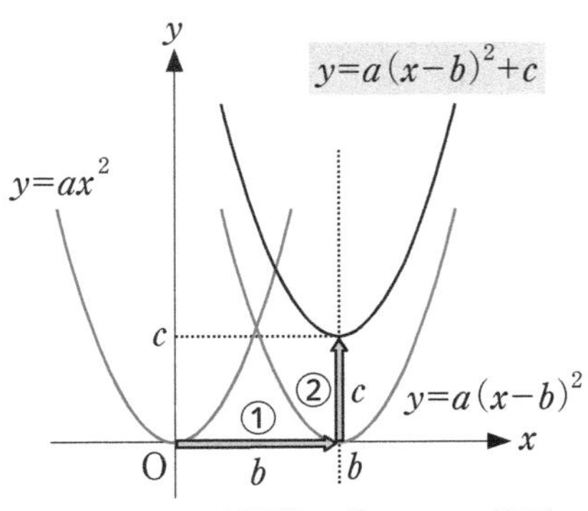

図2−31　2次関数のグラフの一般形

ては，42ページで紹介した。ここでは，指数関数について考えてみよう。

アメーバや細菌のように，からだが1個の細胞だけでできている単細胞生物は，図2-32に示すように細胞分裂によって新しい2個体になる。たとえば，図2-33のように，1時間ごとに2倍に分裂，つまり2倍に増える細菌について考えてみよう。時間の経過に従って，細菌の数は

1時間後：2個
2時間後：4個（$=2\times2=2^2$）
3時間後：8個（$=2\times2\times2=2^3$）
4時間後：16個（$=2\times2\times2\times2=2^4$）
5時間後：32個（$=2\times2\times2\times2\times2=2^5$）
⋮

という具合に増えていき，x時間後の細菌の個数yは，xの関数として

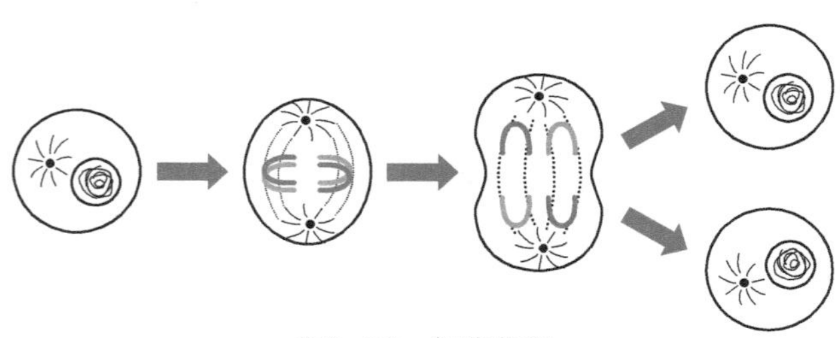

図2−32　細胞分裂

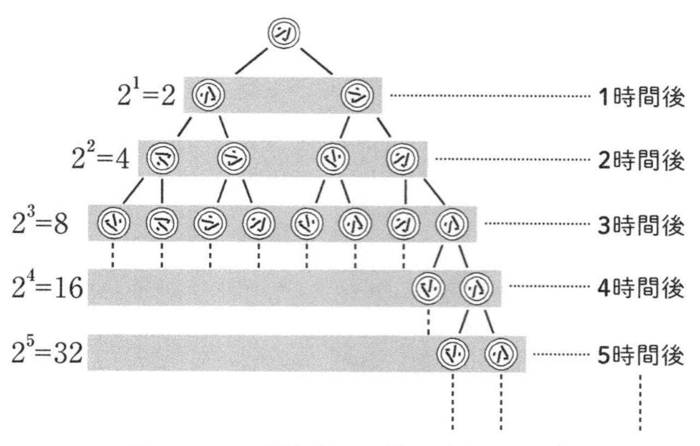

図2−33　1時間ごとに2倍に増殖する細菌

$$y=f(x)=2^x \qquad (2.27)$$

で表されることに気づくだろう。この x は指数なので，式(2.27) のような関数は「指数関数」とよばれる。$x=0$ のときは，そのまま“1倍”である。

ところで，上記の細菌の数は，1日（24時間）後にはどのくらいになっているだろうか。

式 (2.27) のxに24を代入して計算すると，じつに16777216（約1700万！）になる。47ページに「紙を何回折れば富士山を超える厚さになるか」という話を書いたが，これも2^nの問題で，紙の厚さにもよるが，たいていは二十数回という想像を絶する少ない回数で富士山を超えるような厚さ（高さ）になる。

もちろん，細菌の個数などを扱う場合には，xが負の値をとることはあり得ないが，式 (2.27) 自体は負の数も可能で，

$$x=-1 \text{の場合は，} y=2^{-1}=\frac{1}{2}$$

$$x=-2 \text{の場合は，} y=2^{-2}=\frac{1}{4}$$

のようになる。

また，時間の経過に従って，元の半分，またその半分，……という具合に，どんどん減ってしまうような現象もある。たとえば，“超インフレ”の世の中で，財産価値が1年ごとに半減してしまい，x年後の価値yが

$$y=f(x)=\left(\frac{1}{2}\right)^x \qquad (2.28)$$

で表されるような場合である。現在 ($x=0$) の価値を1とすれば，翌年には$\frac{1}{2}$，2年後には$\frac{1}{4}$になってしまう。1年前には2倍，2年前には4倍，3年前には8倍もあった価値なのだが……。

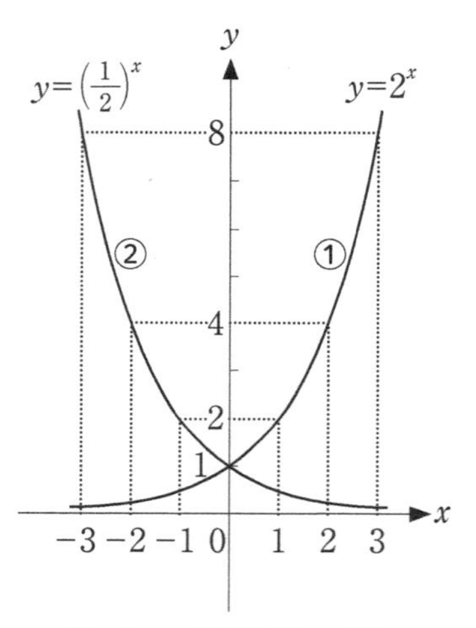

図2−34　指数関数のグラフ

式（2.27），式（2.28）のグラフはそれぞれ，図２-34の①，②のようになる。

指数関数が教えてくれること――過去の歴史も知っている!?

いま述べた“超インフレ”は社会現象だが，自然界にも式（2.28）で表される現象は少なくない。代表的な例は，放射性元素の原子崩壊とよばれるものである。ラジウムやウランに代表される放射性元素は，一定時間ごとに崩壊して他の元素に変わっていくが，その崩壊の際に放出されるのが放射線とよばれる電磁波や粒子線である。

このような放射線は1896年，フランスの物理学者・ベクレル（1852〜1908）によってウラン化合物で発見された。その２年後，同じくフランスのピエール・キュリー

(1859〜1906) とマリー・キュリー (1867〜1934) の夫妻が，放射性元素・ラジウムを発見している。ちなみに，“ラジウム”はラテン語の“光線”を意味する言葉から派生したもので，「放射能が強い」という意味である。

放射性元素は，時間が経つに従って次々に放射線を出して崩壊し，他の元素に変わっていくので，元の元素は時間が経つに従って減っていくわけである。その一定時間に減っていく割合は元素によって決まっており，全体の原子の半分が崩壊するまでの時間を半減期とよぶ。

たとえば，ラジウムは1602年間で半減し，元の半分がラドンという気体に変わる。数百万年という長い半減期を持つ元素もあれば，数分の1秒という短い半減期を持つ元素もある。いずれにせよ，その減少のようすは，式 (2.28) と図2-34の②のグラフで表される。

このような放射性元素の半減期を使って計算（逆算）すると，岩石や土器などがつくられた時代を知ることができるため，半減期はさまざまな物の年代測定に応用されている。なかでも，最も よく使われるのは炭素である。ほとんどの炭素の原子核は陽子が6個，中性子が6個で質量数が12であり，「^{12}C」と表されるが，ごく少量ながら中性子が8個の^{14}Cも存在する。この^{14}Cの半減期は5730年で，窒素原子^{14}Nに変化していく。

世の中には，図2-34のグラフで表されるような“指数関数的事象”はたくさんある。46ページに述べた“巨額の借金”もその一例なので，くれぐれも注意が必要である。図2-34のグラフをじっくり眺めて，ぜひとも“指数関数的事象”を実感していただきたい。

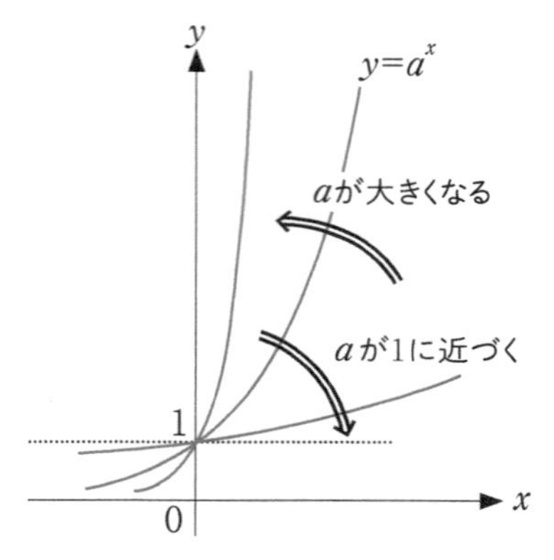

図2−35　一般的な$y=a^x$のグラフ

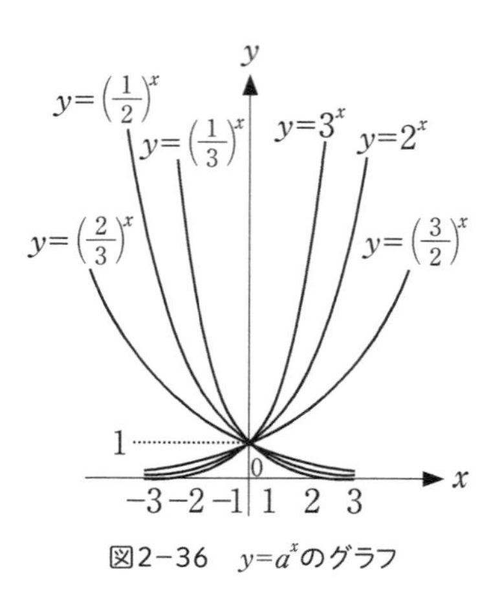

図2−36　$y=a^x$のグラフ

さて，いま$y=2^x$，$y=\left(\frac{1}{2}\right)^x$という関数について述べたが，一般に

$$y=f(x)=a^x \qquad (2.29)$$

を「aを底（てい）とする指数関数」という。

図2-35に示すように，$a>1$の場合，グラフはaが大きくなるほど起き上がり，aが小さくなるほど，1に近づくほど寝てくる。$a=1$であれば，つねに$y=1$だから完全に寝て$y=1$の直線になる。$0<a<1$の場合は$a>1$の場合と逆に，グラフはy軸を対称としてaが小さくなるほど起き上がり，aが大きくなるほど，1に近づくほど寝てくる。aに具体的な数を入れてみると，指数関数のグラフは図2-36のようになる。

対数関数のグラフ――指数と表裏一体のその関係

対数と指数は，後述する「微分と積分の関係」と同様に，“表裏一体”の関係にある。つまり，47ページで述べたように

$$N=a^n \Leftrightarrow n=\log_a N$$

であり，nを「aを底とするNの対数」，Nを「対数nの真数」とよんだ。特に，10を底とする常用対数は，底の10を省略して$\log N$と書かれる。

48ページでpHを例に対数の説明をしたので，以下，同様にpHを具体例として常用対数関数のグラフについて述べる。

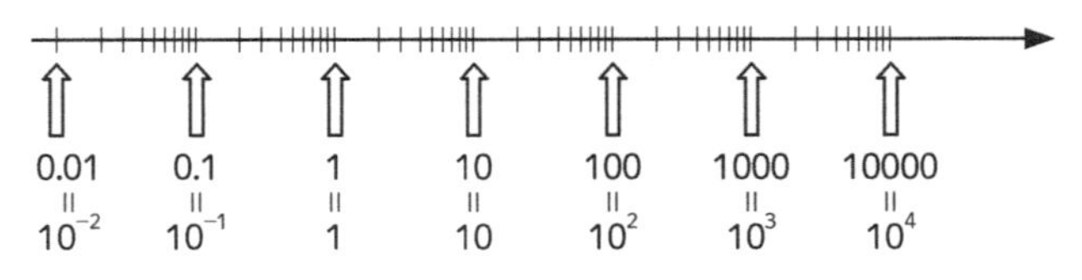

図2−37　対数軸

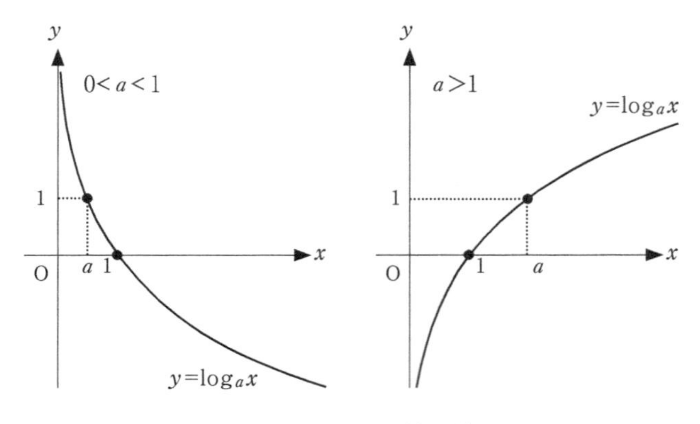

図2−38　$y=\log_a x$の線形グラフ

一般的なグラフの軸は，29ページ図1-6に示したような数直線が使われる。このような軸は「線形軸」とよばれるが，それに対する「対数軸」を図2-37に示す。対数軸の対数目盛りの2点間の差は対数だから，実際の数値の差は2点間で10倍になる。

対数軸の特徴は，まず対数軸には0（ゼロ）がないことである（その理由は自分で考えていただきたい）。そして，線形軸の0〜1の範囲を著しく拡大し，小さい値を大きく表示する。また逆に，大きな値を著しく圧縮する。

ふつうの線形軸を用いた$y=\log_a x$のグラフを図2-38

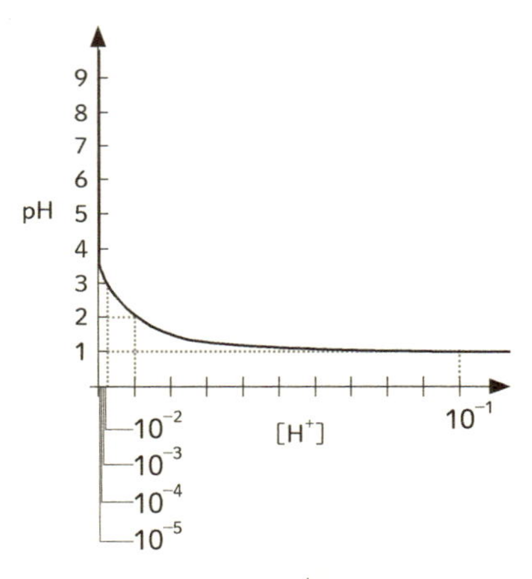

図2−39　pH=log[H⁺]の線形グラフ

に示す。xの値が0から100くらいまでのあいだにyの値が急激に変化し，xの値が大きくなるに従ってyの値の変化は小さくなるのが特徴である。このような線形軸を用いると，

$$y=\mathrm{pH}=-\log[\mathrm{H}^+]=\log\frac{1}{[\mathrm{H}^+]} \qquad (2.30)$$

のグラフは図2-39のようになる。$[\mathrm{H}^+]$が$\frac{1}{10}$になるたびにpHが1ずつ大きくなるのだが，私たちにとって肝腎のpH=7（中性）前後におけるpHと$[\mathrm{H}^+]$の関係をグラフから読み取ることができない。これでは，グラフの役割を果たせない。

そこで大活躍するのが，図2-40のように，$[\mathrm{H}^+]$を対

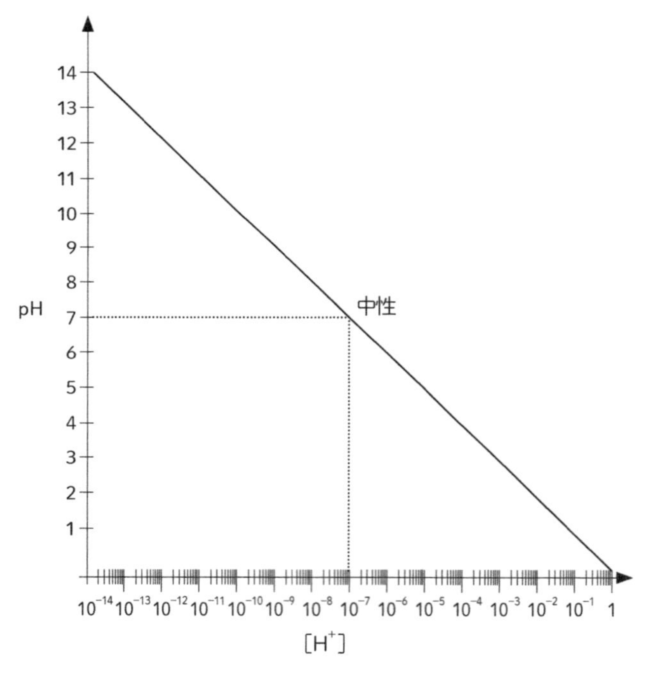

図2−40　pH=log[H^+]の片対数グラフ

数軸で表したグラフである（一つの軸だけが対数軸なので，このようなグラフを「片対数グラフ」とよぶ)。

図2-39と図2-40とを比べていただきたい。

pHと［H^+］の関係が**直線**で表せているだけでなく，［H^+］がどれだけ小さくても，そのときのpHの値をはっきりと読み取れるではないか。1億分の1 $\left(\frac{1}{10^8}\right)$，さら

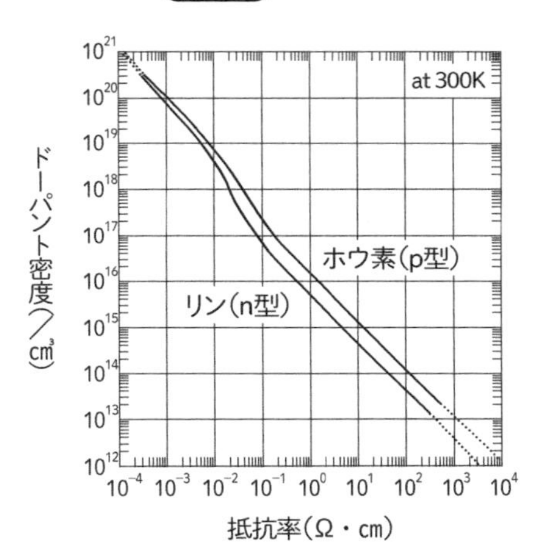

図2−41　シリコン結晶中のドーパント密度と抵抗率との関係
（J. C. Irvin, *Bell Syst. Tech. J.*, **41**, 1962）

にその 100 万分の 1 $\left(\frac{1}{10^{14}}\right)$ まで読み取れる！

私は大昔，初めて図 2 -39 と図 2 -40 とを見比べたとき，片対数グラフの威力に大いに感動し，数学の面白さの一端を知ったことをいまでもはっきりと憶えている。

いま述べた「片対数グラフ」に対して，両軸とも対数軸になっているグラフを「両対数グラフ」とよぶが，その代表的な例を図 2 -41 に示す。これは，私自身が長年お世話になった半導体シリコン結晶のドーパント（添加物）密度と抵抗率との関係を示す「アーヴィン（Irvin）・カーブ」とよばれるものである。

IC に代表される半導体素子に使われる半導体は，その抵抗率を精密に制御しなければならないが，「アーヴィン・カーブ」はそのための基本中の基本のデータなのである。ドーパント密度と抵抗率との関係が、両対数グラフならではの簡明さでみごとに表されている。

数式はすごい
——直感を可視化するその威力

前章までに，私たちはさまざまな“数”や関数，それを形で表すグラフについて知った。本章では，数が集まって具体的な意味を持つことになる“数式”について考えてみよう。

「数式!?　見るだけで嫌！」という人も多いだろう。数学嫌いの理由の一つに，「数式アレルギー」があるのは間違いない。

しかし，私はさまざまな数式を眺めるときにいつも，ちょっと大げさにいえば，そこに，そして総じて“数学”というものに，「人類の叡智の極致」を感じる。“数式”という言葉を聞くだけでウンザリする人も少なくないかもしれないが，じつは，私たちは日常生活のさまざまな場面で，知らず知らずのうちにたくさんの数式を使っているし，その恩恵に浴している。そして，その“威力”には，なかなかにすさまじいものがあるのだ。

まずはいったん数式アレルギーを脇に置いて，あらためて，さまざまに活躍している数式について考えてみよう。いくつかの「目から鱗が落ちる」経験をするに違いない。

3-1 自然現象はなぜ数式で表せるのか？

自然現象と数学の不思議な関係

本書の「はじめに」で，数学（“数”の学問）が「自然」

を理解するうえできわめて有力な「外国語」であると述べた。しかし，“数”というものが，自然界に存在するわけではない。数学という「言語」も，すべての言語と同様に，百パーセント人間によって創られたものである。したがって，「自然の書物は数学の言葉によって書かれている」というガリレイの言葉は，注意して読まなければならない。

自然科学が対象とするのは，自然界に起こっている現象，すなわち自然の実態であるが，“数”および“数学”は，あくまで人間によって創られたものである。じつに興味深いことに，人間が頭の中で創り上げた数学と自然現象そのものとのあいだに，きわめて深いつながりがあるのである。私には，このことが不思議で仕方ない。

じつは，「自然界に法則というものが存在するのかしないのか」は大きな問題なのであるが，「法則がある」と仮定して組み立てたのが，人間が創り上げた科学であり，数学なのである。夏目漱石の孫弟子（寺田寅彦の弟子）で，「雪の研究」で世界的に有名な中谷宇吉郎（なかやうきちろう）（1900〜62）の言葉を借りれば，「自然界から現在の科学に適した面を抜き出して，法則をつくっている」（『科学の方法』岩波新書，1958）ということもできるだろう。

いうまでもないことだが，自然科学を進めるのは人間であるし，自然科学という学問は自然と人間とのつながりでできるものである。長年，実験物理学の分野で仕事をしてきた私は，そのことを痛感する（拙著『自然現象はなぜ数式で記述できるのか』PHP サイエンス・ワールド新書，2010）。

これから，自然界の現象や法則が数式の形で表されることの一例を示していくが，その前に，数学と科学・技術・工学との関係を考えておきたい。ふだん，私たちはあまり意識しないが，数学が私たちの実生活に果たしている役割を知ることは，数学の恩恵を身近に感じ，数学に興味を持っていただくことにつながると確信する次第である。

科学・技術・工学と数学

ひと口に“科学”といっても，自然科学のほかに社会科学や人文科学があり，数学はいずれの科学においても重要な役割を果たしている（だから，「文系の人」にも数学は必要である！）。本書がここで考えるのは，自然界の法則や真理を秩序立てた知識，そしてそれを追求する自然科学である。

自然科学が対象とするのは，自然界に起こっている現象，あるいは自然の実態なので，自然科学は“自然を認識・理解する学問”といってもよいだろう。そして，自然科学の本質は，自然を対象にした知的好奇心を満足させることであり，自然科学という学問を進展させる最も基本的な駆動力は，その知的好奇心であると思う。この点が，明確な，そして具体的，物質的な目的と損得・経済観念を持つ“技術”と，大きく異なることである。

科学と技術は互いに本質的に異なるものであるが，近年，それらが互いに強い相乗効果を持ち，部分的には融合し，それぞれがそれぞれの発展に大きく寄与している（拙著『人間と科学・技術』牧野出版，2009)。

科学と技術に似た言葉に“工学”がある。“工学”は“engineering”の訳語で，国語辞典には「基礎科学を工業生産に応用して生産力を向上させるための応用的科学技術の総称。古くは専ら兵器の製作および取扱いの方法を指す意味に用いたが，のち土木工学を，さらに現在では物質・エネルギー・情報などにかかわる広い範囲を含む」(『広辞苑 第七版』岩波書店，2008) と書かれている。

“engineering”には，「問題を巧みに処理すること」という意味も含まれている。つまり，工学が科学と技術を使って，問題を巧みに処理するのである。問題を巧みに処理するためには，段取りや設計が重要であり，そのとき，数学が具体的な形で大いに貢献するわけである。

中谷宇吉郎は前掲の『科学の方法』の中で，次のように述べている。

> ところで数学は，一番はじめにいったように，人間の頭の中で作られたものである。それでいくら高度の数学を使っても，人間が全然知らなかったことは，数学からは出てこない。しかし人間が作ったとはいっても，これは個人が作ったものではない。いわば人類の頭脳が作ったものである。それで基本的な自然現象の知識を (中略) 整理したり，発展させたりすることができる。従って個人の頭脳ではとうてい到達し得られないところまで，人間の思考を導いていってくれる。そこにほんとうの意味での数学の大切さがある。
>
> 現在の科学では，数学を離れては，第一に物理学も化学も成り立たない。数学などはあまり用いていないように見える他の科学の部門においても，物理学や化学は使っているので，間接には深いつながりを持っているわけである。

数学というものは，以上述べたように，個人の思考の及ばないところに使っていくときに，非常な力を発揮するものなのである。下手をすると，数学が論文の飾りに使われる場合もあるが，そういう場合には，数学があまり意味をなしていないことは，いうまでもない。

中谷のこの言葉に，科学，技術，工学と数学との関係が余すところなく述べられていると思う。私はこの引用文中の「数学が論文の飾りに……」を読んだとき，思わず苦笑してしまった。私自身，そのような論文をいくつも読んだ憶えがあるからである。

本書の読者には，中谷宇吉郎がいうところの「ほんとうの意味での数学の大切さ」を理解し，「数学の面白さ」を味わっていただきたいと思う。数学は決して“飾り”ではないし，“つまらない科目”でもない。繰り返し述べているように，数学，そして数学的な考え方は日常生活の中でも大いに役立つし，私たちの脳を大いに活性化してくれるモノでもあるのだ。

以下，自然界の現象や法則が，人間が創った数式の形で見事に表されるいくつかの具体例を見てみよう。これらが，ほんの一例にすぎないことに留意されたし。

「物は必ず落下する」を科学にした偉人たち

私たちが手に持った物を離せば，それは必ず落下する。地震のときなどは，棚の上から物が落ちる。水泳競技の一つである「飛び込み」も，選手が必ずプールに落下するから成り立っている。どんなに勢いよく飛んでいった野球やゴルフのボールも，やがて必ず地上に落下する（野球の場合，ドーム球場ではときどき，ボールが屋根に引っかかって落ちてこないことがあるが）。エンジントラブルなどによる飛行機やヘリコプターの墜落は，悲惨な事故である。

物体の落下は，私たちにとって最も身近な自然現象の一つである。

ニュートンが木から落ちるリンゴを見て，それを万有引力の大発見につなげたのは1665年頃のこととされている。日本では江戸時代，徳川第4代将軍・家綱の時代である。

私自身も，庭のカキやミカンの実が木から落ちるのを何度も見ているし，世界中のどこででも，ニュートン以外にリンゴやカキ，ミカンなどの果実が木から落ちるのを見た人は無数にいたことだろう。また，木から落下する（落下させる）ヤシの実を見たサルも，無数にいたはずである。

しかし，木から落下するリンゴを見て，「リンゴを落とす力」と「月が地球を周回する力」が同じものであることに気づき，そこから「万有引力の法則」を導き出したのはニュートンただ一人である。ニュートンはやはり，大天才といわざるを得ない。後世に名を遺(のこ)す天才とよばれる人はたいしたものだなあ，と心から尊敬する。

リンゴの落下から「万有引力の法則」を発見したのはニュートンだが，物体の落下のようすを詳しく調べ，それを数式化した最初の人物は，ニュートンの一世代前のガリレイ（1564～1642）である。ニュートンはガリレイの後継者とよばれるべき人物であるが，そのガリレイがこの世を去ったのと入れ替わるようにニュートンが生まれたというのも，何かの因縁だろう。

「物体の落下」を数式で表す

物体の落下という自然現象を詳しく観察してみよう。

ほんとうは，自分自身が高いところから飛び降りて実感するのがいちばん理解できるのだが，それは危険なので，ボール（ニュートンの気分を味わうのであればリンゴ）の落下のようすを観察することにしよう。52ページで簡単に触れたように，物理的には“速さ”と“速度”は同じではないが，以下は便宜上，“速度”という言葉を用いる。

多くの方がおそらく，直接的あるいは間接的な経験から，落下速度は一定ではなく，徐々に増すことを知っているだろう。物体の落下のようすを調べるには，できるだけ短い時間間隔で，その物体の位置を正確に記録できればよい。このような場合に使われるのが，マルチストロボと

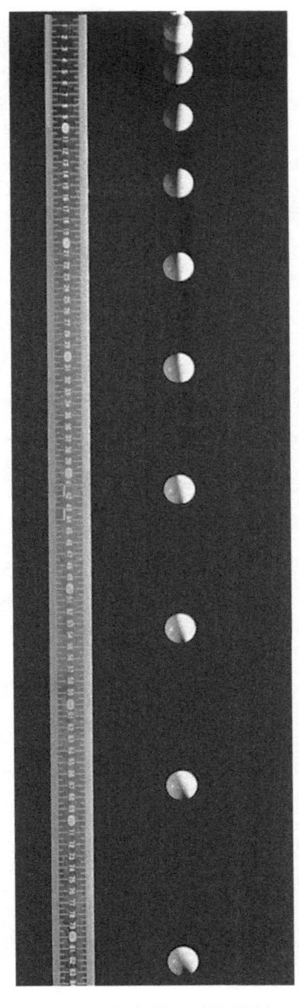

図3−1　自由落下（藤井清・中込八郎『物理現象を読む』講談社ブルーバックス、1978より）

落下時間 t [秒]	落下距離 d [m]	平均落下速度 v [m/秒]	速度の変化 Δv [m/秒]
0	0		
1	5	5	
2	20	15	10
3	44	24	9
4	78	34	10
5	123	45	11
6	176	53	8
⋮	⋮	⋮	⋮

表3－1　物体の落下

よばれる装置とカメラである。マルチストロボは，数分の１秒から数百分の１秒という一定の時間間隔で，瞬間的にフラッシュを点滅できる装置である。

落下する物体にこのようなフラッシュを当て，シャッターを開放したカメラで撮影した際の一例（フラッシュ間隔約0.04秒）を図３－１に示す。下へいくほど（落下が進むほど）ボールの落下速度が増している，すなわち加速されていることがわかる。

次に，無風状態の日に，高層ビルの屋上から鉄製のボールを落下させる場合を考えよう。そのようすを上記の方法で観察すると，表３－１に示すようなデータが得られる。

しかし，表３－１を眺めているだけでは，“落下の法則”は見えてこない。落下時間 t［秒］，落下速度 v［m／秒］，落下距離 d［m］との関係を，第２章で述べたグラフで示すと図３－２，図３－３のようになる。

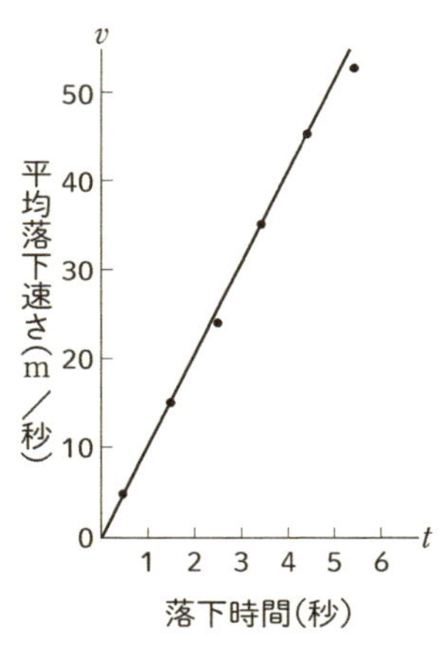

図3–2　落下時間と落下速さとの関係

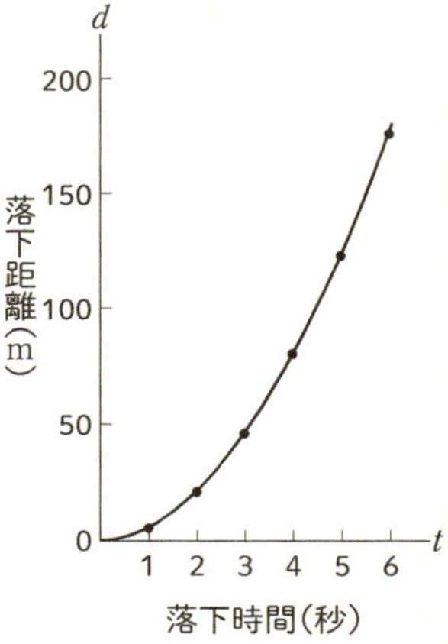

図3–3　落下時間と落下距離との関係

これらのグラフを見るだけで，“落下の法則”は感動的なまでに一目瞭然になる。以下，この“落下の法則”を数式で確認してみよう。

図３－１によれば，落下が進めば進むほど落下が速くなっているが，その落下速度 v の変化量は表３－１に具体的に示されている。“差”を“Δ（デルタ）”という記号で表すと，各時間間隔の v の差（Δv）は単純な引き算で求められる。それはほぼ一定で，多くのデータから平均値として，落下速度が１秒ごとに9.8 mずつ変化している（加速されている）ことがわかる。

つまり，落下時間 t［秒］と落下速度 v［m／秒］とのあいだには，

$$v=9.8\times t \qquad (3.1)$$

という関係がある。

また，落下時間 t［秒］と落下距離 d［m］とのあいだには，

$$d=\alpha t^2 \qquad (3.2)$$

という簡単な式で表せる法則が存在する。これらの式に t，d の実測値を代入してみると，α はほぼ4.9［m／秒^2］という値を持つ定数であることがわかる。つまり，

$$d=4.9\times t^2 \qquad (3.3)$$

となり，式（3.1）と式（3.3）から，“何”秒後でも“何”年後でも，その落下速度，落下距離を求めることができる。また，逆に，あるビルの屋上から物体を落下させ，その物体がたとえば5秒後に着地したとすれば，そのビルの屋上の高さは $4.9\times 5^2=122.5$［m］ということになる。

「速度が変化している」ということは，物理学的にいえば「加速度が生じている」ということである。“加速度が生じる”ためには，落下する物体に対し，落下方向（下向き）の“なんらかの力”がはたらく必要がある。いまここで，

$$\text{加速度}=\text{速度変化}／\text{時間} \qquad (3.4)$$

と定義すると，表3－1から得られる加速度は，

$$9.8\,[\text{m}/\text{秒}]\,/\,1\,[\text{秒}]=9.8\,[\text{m}/\text{秒}^2] \qquad (3.5)$$

となる。

じつは，この“なんらかの力”こそ，ニュートンが発見した「重力」とよばれる力なのである。そして，9.8［m／秒^2］の値は「重力加速度」とよばれ，一般に“gravity（重力）”の頭文字をとった“g”という記号で表される。重力には地球の自転による「遠心力」も関係し，厳密な測定によれば，地球上では平均$g=9.806$［m／秒^2］で，北極，南極ではこれよりやや大きく，赤道ではやや小さくなる。

ここで，“$g=9.8$”という数値と式（3.1），式（3.3）を眺め，何か気づかないだろうか。

それぞれの式は，

$$v=gt \qquad (3.6)$$

$$d=\frac{1}{2}gt^2 \qquad (3.7)$$

という形で表される。つまり，これらの式が物体の落下現象に関する法則を表す一般式ということになる。ガリレイは数値計算に比や比率を使ったので，式（3.6）や式（3.7）そのものは，彼自身によって与えられたものではないが，落下現象を最初に数式化したのはガリレイだった。

私は，この関係式を見るたびに，人間とはまったく関係がない“物体の落下”という純粋な自然現象が，人間が百パーセント創った数式で表現されるという事実が不思議でたまらなくなる。まったくの人工物がなぜ，これほど見事に自然現象を記述することができるのか？

読者のみなさんはどう感じるだろうか。

ガリレイは，1623年に出版した『分析者』の中で，「自然という書物は数学の言葉によって書かれている」という有名な言葉を遺している。

なお，式（3.6）は落下速度と落下時間との関係を表すものだが，一般的な速度と加速度との関係は，式（3.4）を変形した

$$速度＝加速度×時間 \qquad (3.8)$$

である。

ボールの落下のグラフ——放り投げられた物が描く線とは?

ここでもう一度，図3-3を見ていただきたい。102ページ図2-26の$x≧0$の部分の形と似ていないだろうか。それもそのはずで，図3-3は

$$d=4.9\times t^2 \qquad (3.3)$$

という2次関数のグラフなのである。

いま，図3-3をいかにも物体の落下らしく図3-4のように描き直してみる。じつはこの曲線は，図3-5のように，投げられたボール（放物）の軌跡の曲線と同じ形をしていることから「放物線」とよばれる。

実際の放物線の形は図3-5ⓐ，ⓑに示されるように，“放物”の初期条件（投球の勢い）によって異なるが，基本的に，放物線は図3-6に示されるような2次関数のグラフになる。あらためて102ページ図2-27（$a<0$）を見れば，これが放物線になっていることがわかるだろう。

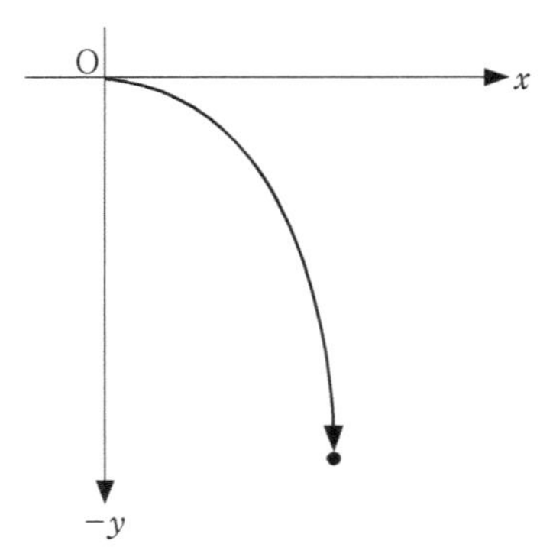

図3−4　自由落下の2次関数

図3−5　投げられたボールが描く放物線

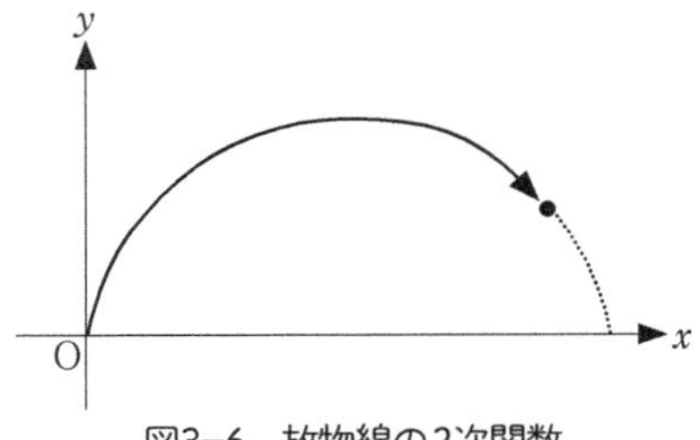

図3−6　放物線の2次関数

重い物体は軽い物体より速く落下するか？

ところで，物体の落下速度と落下距離を表す式（3.6）と式（3.7）をあらためてよく見てみると，これらに含まれる変数は時間 t のみであり，物体の重さや形状を表す項は存在しない。つまり，これらの式によれば，どのような重さであれ，どのような形状であれ，物体はそれらに関係なく同じように落下することになる。

しかし，常識的には，重い物体と軽い物体では落下速度が異なるような気がする。私の素直な感覚に従えば，重い物体のほうが速く落下するような気がする。

たとえば，同じ大きさの鉄のボールと発泡スチロールのボールを同時に落下させたとしよう。どう考えても，重い鉄のボールのほうが速く落下するような気がしないだろうか。そして重さだけでなく，物体の形や大きさも，落下速度に影響を与えそうな気がする。

読者のみなさんはいかがだろうか。事実，古代ギリシャ時代以来，ガリレイの時代（16〜17 世紀）までは，そのように考えられていたのである。

ところが，式（3.6）と式（3.7）は断固，「物体は重さ，形状に関係なく同じように落下する」ことを示しているし，ガリレイもそのようにいっている！　だとすれば，私たち（少なくとも私）の常識的疑問を放置しておくわけにはいかないではないか。

私の“素朴な疑問”は，「重い物体ほど速く落下するのではないか」ということである。そこで，前述の同じ大きさの鉄のボール（重い物体）と発泡スチロールのボール（軽い物体）を同時に落下させる場合のことを考えてみる。くどいようであるが，私には重い鉄のボールのほうが軽い発泡スチロールのボールより速く落下するように思える。

ここで生じる私の新たな疑問は，鉄のボールと発泡スチロールのボールを強力な接着剤で一体化した場合はどうなるのであろうか，ということである。

重い鉄のボールは速く落下しようとし，軽い発泡スチロールのボールはゆっくり落下しようとするだろうから，それらが一体化した物体は，鉄と発泡スチロールのボールの落下速度の中間の速度で落下することになるだろう。しかし，もし重い物体ほど速く落下するのであれば，発泡スチロールのボールがどれだけ軽くても，２個のボールを一体化した物体が最も重いのであるから，それが最も速く落下しなければならない！

まったく同じ“２個のボールを一体化した物体”に対し，まったく異なる２つの結論が出るのは矛盾である。自然科学に矛盾があってはならない。やはり，矛盾のない結論は，「物体は重さ，形状に関係なく同じように落下する」でなければならない。

それでも，なんとなくすっきりしない私は図３-７に示すように，ビー玉（重い物体）と紙玉（軽い物体）を同時に落下させてみた。すると，紙玉よりビー玉のほうが明らかに速く床面に落下した！

私は一瞬「？」と思ったが，この“実験結果”は空気抵抗の影響を示すものである。紙玉はビー玉と比べ，はるかに大きな空気抵抗を受けるので，落下速度が小さくなるのである。このような空気抵抗を最大限に利用したのが，パラシュートである。もし空気抵抗が存在しなければ，恐ろし

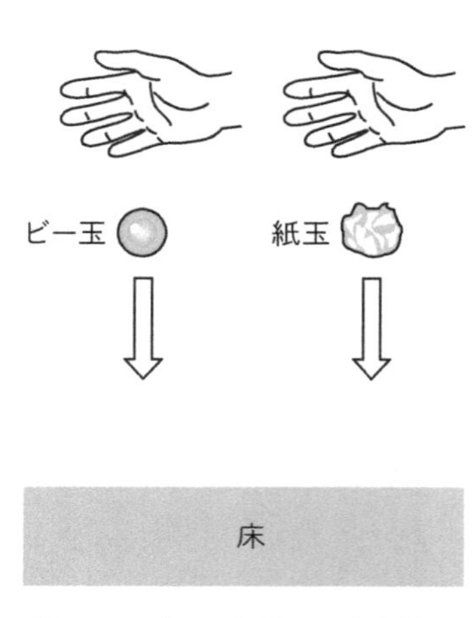

図3−7　ビー玉と紙玉の自由落下

くてパラシュートなど使うことはできない。

もうおわかりだろう。つまり，物体の落下速度と落下距離を表す式（3.6）と式（3.7）は，「真空中で」という条件つきで成り立つのである。じつは，ガリレイも「真空中ではすべての物体は同じように落下する」といっている。感覚的にはなかなか信じがたいが，空気抵抗を無視できる真空中では，羽毛も鉄製のボールも同じ速度で落下するのが事実である。

「万有引力の法則」と「物体の落下」再考

物体が落下するということは，その物体に下向きの力が作用しているということであり，その力が「万有引力」というものである。宇宙のすべての物体（万有）は，宇宙の他のすべての物体（万有）を引っ張っている。つまり，すべての物体は他のすべての物体に「引力」という力を及ぼすというのが“自然現象”なのである。

この「万有引力」を人間の言葉でまとめると，「引力の大きさは，引き合う両物体の質量（m_1, m_2）の積（m_1m_2）に比例し，両物体間の距離（d）の２乗に反比例する」ということになる。これが「万有引力の法則」で，引力をFとすると

$$F=G\frac{m_1m_2}{d^2} \qquad (3.9)$$

で表される。Gは，「万有引力定数」とよばれる比例定数である。

このように，質量（重さ）によって生じる万有引力は「重力」ともよばれる。前述のように，重力には地球の自転に起因する遠心力についても考慮しなければならないので，厳密にいえば，重力と万有引力の大きさは異なるが，“重力”を一般の“万有引力”の意味で使っても大過ない。

いずれにしても，この大宇宙における“万有引力”という自然現象が，人間が創った式（3.9）のような簡単な数式で表されるのはまことに不思議なことである。その事実に私は，「数学って，すごいなあ」と，その威力に素直に感嘆するのである。

物体を落下させる力は重力（万有引力）であり，その大きさは式（3.9）に示されるように，物体の質量（“重さ”の元）の積に比例する。つまり，地球の質量をMとすれば，質量mの物体が地球に引っ張られる力は，

$$F = G\frac{Mm}{d^2} \qquad (3.10)$$

となり，より重い物体のほうが軽い物体よりも大きな力で地球に引っ張られることを示している。だとすれば，やはり，いささかしつこいようだが，重い物体のほうが速く落下するのではないだろうか。

この疑問を解くために，日常生活の中で私たちが物体の運動の速さを増す，つまり加速する（加速度を与える）場合のことを考えてみよう。

自動車を運転している場合はアクセルを踏み，自転車に乗っている場合はいっそう強い力でペダルを踏む。つまり，加速度は力を加えることによって得られるのである。また，たとえ同じ大きさの力を加えても，物体の重さによって加速のされ方は異なる。私たちは日常的な経験から，物体の加速度αは「その物体に加えられる力Fの大きさに比例し，物体の質量mに反比例する」ということを知っているだろう。このことを数式で表せば，

$$\alpha \propto \frac{F}{m} \qquad (3.11)$$

である（"$\propto$"は，「比例する」という意味を表す記号）。

α，F，mに適当な単位を当てはめると，比例式（3.11）は

$$\alpha = \frac{F}{m} \qquad (3.12)$$

という等式になる。

ここで，当初からの疑問である「重い物体のほうが速く落下するのではないだろうか」に立ち戻ろう。この疑問をいい換えれば，「重い物体ほど落下速度が大きい，つまり重い物体ほど加速度が大きいのではないか」ということになる。128ページに示した

$$速度=加速度\times時間 \qquad (3.8)$$

から，もし重い物体ほど加速度が大きくなるのであれば，上の疑問の答えは「その通り！」ということになり，ガリレイがいう「真空中ではすべての物体は同じように落下する」が怪しくなる。

しかし，式（3.12）に示されるように，ある力（重力）Fによって生じる加速度αの大きさは，質量mに反比例するのである。このままでは，重い物体ほど落下が遅くなってしまうが，前述のように，物体に作用する力（重力）は質量mに比例する。その比例定数をgとすれば$F=gm$となり，

$$\alpha=\frac{F}{m}=\frac{gm}{m}=g \qquad (3.13)$$

で，落下の加速度は物体の重さに関係なく一定値gとなる。こうして，「物体の落下速度は物体の重さに依存しない」という自然現象を数学的にも確認できたことになる。めでたしめでたし。そして，この比例定数gが，前述の“重力の加速度”だったのである。

ところで，いま，ニュートンの重力理論について述べた

が，じつは，これはアインシュタインの一般相対性理論によって否定されている。

19世紀の中頃，惑星の観測をもとに，ニュートンの重力理論の「正しさ」を証明した天文学者・ルヴェリエ（1811〜77）が発見した「水星の近日点がズレる」という難題を，ニュートンの「万有引力の法則」では説明できていなかった。

アインシュタインは，1905年に発表した「特殊相対性理論」を発展させて重力を理論の中に取り込み，「水星の近日点がズレる」難題を正確に解くことができる重力の理論を完成させたいと考えた。これが10年後の1915年に「一般相対性理論」として実を結び，「重力の源は物体の質量と運動に起因する空間の曲がり」だと説明したのである。

いまここで，アインシュタインの重力理論の詳細を述べる紙幅はないので，興味のある読者は本書の姉妹編である拙著『いやでも物理が面白くなる〈新版〉』（講談社ブルーバックス）を読んでいただきたい。

“=”の意味

ところで，式（3.10）はちょっとヘンではないだろうか。

この式の左辺の F は，加速度を生じさせる能力を持つ物理的な“力”である。一方，右辺は質量および距離が関係する“量”である。このような“量”そのものには，物体を動かしたり加速度を生じさせたりする能力，つまり“力”はない。ところがこの式は，そのような“力”と“量”とが「互いに等しい（=）」といっている。よく考えれば，これはいささか奇妙なことに思える。

しかし，この式が意味するのは次のようなことなのである。

質量（重さ）を持つ物体同士のあいだには，自然現象として引力という物理的な力がはたらく。その力を，私たちが知っている単位で測定すると，ある値が得られる。Fが示すのは，その数値なのである。質量が異なる物体間の異なる距離について，そのときのFを測定してみると，式(3.10)のような関係が見出されるわけである。つまり，この式は，“力”が“量”に等しいということを直接的にいっているわけではない。

たとえば，リンゴ3個を200円で買った場合，「リンゴ3個＝200円」という「等式」が成り立つようなものである。しかし，論理的にいえば，「3個のリンゴ」という物体と「200円」という金額（あるいは貨幣）とが「等しい」はずがない。

純粋な数学の場合とは異なり，自然現象を表す「数式」とは，このようなものであることを理解していただきたい。数学は，自然科学を助けるきわめて有力な“道具”なのである。

世界一有名な方程式「$E=mc^2$」

数学の分野でも物理学の分野でも，“有名な方程式”はいくつも存在する。しかし，数学や物理学には縁のない一般の人にも最もよく知られた方程式といえば，やはり，アインシュタインの「$E=mc^2$」だろう。日本の大学のショップではあまり見かけないが，私が知る限り，欧米のほとんどの大学で$E=mc^2$とアインシュタインの顔がプリントされたTシャツが売られている。

アインシュタインは，世界中に衝撃を与えた「特殊相対性理論」のほかにも，いくつもの“自然観革命”をもたらした大天才物理学者だが，私たちにとって身近であり，最も重要なのは「エネルギーと質量は等価である」という発見である。アインシュタイン自身，この発見を「自身の特殊相対性理論の最も重要な結論である」と語っている。

式を導くプロセスは省略するが，特殊相対性理論の帰結として彼が導いたのが

$$E=mc^2 \qquad (3.14)$$

であった。この式を言葉にすれば，

$$\text{エネルギー}=\text{質量}\times(\text{光速})^2 \qquad (3.15)$$

である。

私たちはふだん，「$E=mc^2$」を意識することはないが，原子力発電はもとより，最近，人体の断面を撮影する強力な医療技術として活躍しているPET（陽電子放射断層撮影法）などにも，「$E=mc^2$」が直接的に関係している。現在の最先端物理学や宇宙論の分野から私たちの日常生活に至るまで，「$E=mc^2$」が活躍している場面は少なくない。

日常的な経験から考えても，「物質からエネルギーが生まれる」というのはよくわかる。たとえば，石油や石炭を燃やせば熱エネルギーが生まれるのは，誰でも知っている事実である。特殊相対性理論はこれとは逆に，「エネルギーが，別次元であるはずの質量に変化するようなことが起

こる」というのだが，ほんとうにそのようなことが生じるのだろうか。常識的には，とうてい考えにくいことである。

確かに，式（3.15）を変形すると，

$$質量=エネルギー／(光速)^2 \qquad (3.16)$$

が得られる。この式は「エネルギーから質量が，つまり物質が生まれる」ということを意味し，それは「宇宙の誕生」をも説明することになるだろう。

いまここで，「$E=mc^2$」の詳細を述べる紙幅はない。興味ある読者は前掲の拙著『いやでも物理が面白くなる〈新版〉』を読んでいただきたい。

3-2 数式はどう役に立つか

数の四則計算

２つの数a，bに対する

足し算・加法：　$a+b$　（和）
引き算・減法：　$a-b$　（差）
掛け算・乗法：　$a\times b$　（積）
割り算・除法：　$a\div b$　（商）

を「四則計算」という。（　）内は，その結果のよび名である。ただし，割り算（除法）$a\div b$は$\frac{a}{b}$で，分母bが０となる場合は除外される。つまり，「０で割る」ということは考えない。

２つの自然数の和と積は自然数だが，差と商は自然数になるとは限らない。たとえば，$b>a$ であれば，差はマイナスの数になるし，商は1より小さな数になってしまう。

また，2つの整数の和，差，積は整数だが，商は整数になるとは限らない。つまり，"割り切れない（余りが出る）"場合がある。このことを物理的な一例で示せば，第1章，30ページの「公約数と公倍数」の項で述べた3次元的原子配列に周期性を持つ結晶構造の場合，ある方向（結晶軸とよぶ）の原子数を単位格子の数で割ったとき，"割り切れない（余りが出る）"のはあるべきでない原子が含まれていたり，あるべきである原子がなかったりする格子欠陥を意味するのである。

数を自然数や整数に限定してしまうと，四則計算の一部が成り立たないが，2つの有理数の和，差，積，商はいずれも有理数になる。したがって，有理数においては四則計算を自由に行うことができ，

$$\text{交換法則：} a+b=b+a \qquad (3.17)$$

$$ab=ba \qquad (3.18)$$

$$\text{結合法則：} (a+b)+c=a+(b+c) \qquad (3.19)$$

$$(ab)c=a(bc) \qquad (3.20)$$

$$\text{分配法則：} a(b+c)=ab+ac \qquad (3.21)$$

$$(a+b)c=ac+bc \qquad (3.22)$$

の計算法則が成り立つ（＋を－に置き換えてもよい）。

マイナス×マイナス＝プラスの不思議！

私たちは"掛け算"で，

① (＋)×(＋)＝(＋)
② (＋)×(－)＝(－)
③ (－)×(－)＝(＋)

となることを教わっている。

①は問題ないだろう。たとえば，5人にそれぞれ2個の桃を配るとすれば，桃の総数は(＋5)×(＋2)＝(＋10)個になる。②も，たとえば赤字が200万円（－200万円）の事業所を5ヵ所持つ会社があったとすれば，その会社の赤字の総額は(－200)×(＋5)＝(－1000)万円になる。つまり，マイナスが何倍になるかということを考えれば，②の意味は容易に理解できる。

ところが，③の（－）と（－）を掛け合わせると（＋）になってしまうというのはちょっと不思議ではないだろうか。このことを中谷宇吉郎は，「汚い絵具でまずく描いたら，傑作の絵ができたというようなこと」（前掲『科学の方法』）と書いている。怖い顔の男が半透明の歌舞伎の隈取り（くまどり）のような怖い面を被（かぶ）ったら美男子になった，というようなものか。

いずれにしても，（－）に（－）を掛けると（＋）になるというのは，“理屈”で考えても理解できない。人間が勝手に，そのように決めたと考えるより仕方ない。

しかし，勝手に決めたことではあるが，じつは，さまざまな自然現象を説明する場合に，③はとても好都合なのである。

第1章の末尾で，自然科学における“－（マイナス）”の意味について簡単に触れたが，自然界にはプラス（＋）の電気（電荷）とマイナス（−）の電気（電荷）が存在し，異種間には引力がはたらき，同種間には斥力（せきりょく）がはたらくという性質を持っている。２個の電荷が作用し，その結果の電気力が（−）だったとすれば，その２個の電荷は異種のものであり，それらのあいだにはたらくのは引力であることがわかる。また，作用結果の電気力が（＋）だったとすれば，その２個の電荷が（＋）同士か（−）同士かは不明であるが，同種のものであり，それらのあいだにはたらくのは斥力であることがわかる。

この“プラス（＋）”とか“マイナス（−）”とかいうのは，あくまでも人間が便宜上，勝手に決めたものなのだが，このような“プラス（＋）・マイナス（−）”の導入は，しばしば自然現象を見事に説明することを考えれば，“(−)×(−)＝(＋)”も，数学における偉大な発明の一つといってよいかもしれない。

算数と数学の違い，いえますか？

本書は“数学”の本だが，“数学”と似た言葉に“算数”がある。小学校で習うのは“算数”で，中学校からそのよび名が“数学”に変わる。

この両者を厳密に区別するのは簡単ではないが，計算に数字以外の文字を使うかどうか，また，後述する方程式を使えるかどうかを区別の基本と考えてよいだろう。

つまり，数に関する問題を考えるとき，算数では図および数の四則演算しか道具として使えないのに対し，数学では文字を使って題意を表現し，物事を一般化して考えるのである。数学の真髄は，なんといっても“物事を一般化して考える”ことであり，特定の具体的な数の代わりに，文字を使った文字式で物事を一般化して表現するのである。

じつは，本書でもすでにa，b，c，m，nなどを使って表現していたのが「文字式」であった。

$2x$，$4x^2$，$-5x^3$のように，数と文字x（文字は何でもよいが，一般的にはx，y，zが多く使われる）を掛け合わせた式を「単項式」，数の部分を「係数」とよぶ。$x=1$の場合は2，4，－5のように数だけになるが，これらも単項式の一種とよべなくもない。

また，$5x^3+3x^2-4x+2$のように，単項式の和（差）として表される式を「多項式」，多項式を構成する一つ一つの単項式を，その多項式の「項」とよぶ。

単項式と多項式を合わせて「整式」という。

見やすく整える「整式」

たとえば，$5x^3$は$5\times x\times x\times x$という意味で，$x$を3個，掛け合わせている。掛け合わせている$x$の個数を，その単項式の「次数」という。$5x^3$，$3x^2$，$4x$はそれぞれ，$x$についての3次，2次，1次の単項式である。

整式では，各項の次数の最大のものを，その整式の次数とよぶ。たとえば，上の$5x^3+3x^2-4x+2$は4つの単項式からなるxの3次式である。一般に，最大次数がnの整式をn次式という。

また，たとえば，第2章で述べた2次関数

$$ax^2+bx+c \quad (a\neq 0) \qquad (2.20)$$

は，xについての2次式の一般形であるが，文字xは一般化した数として考え，文字 a，b，c は具体的な数と同じように考えている。

たとえば，$5x^2+3x+2x^2-x-6$ のような多項式において，$5x^2$ と $2x^2$，$3x$ と $-x$ のように，文字の部分が同じ次数である項を「同類項」とよび，同類項は

$$5x^2+2x^2=(5+2)x^2=7x^2$$
$$3x-x=(3-1)x=2x$$

のように，一つにまとめることができる。

整式は一般に，次のように整理して表すことになっている。

① 同類項をまとめる

② 次数の順（通常は高次数からの降順）に並べる

整式の計算――暗記しないで手を動かしてみよう

整式の計算は，同類項をまとめることによって行われる。整式の和・差は，同類項ごとに係数の和・差を計算すればよいし，整式の定数倍は各項の係数を定数倍すればよい。たとえば，

$$A=7x^3+x^2-9x+3$$
$$B=x^3+2x^2+4x-2$$

のとき，

$$\begin{aligned} A+B &= (7x^3+x^2-9x+3)+(x^3+2x^2+4x-2) \\ &= (7+1)x^3+(1+2)x^2+(-9+4)x+(3-2) \\ &= 8x^3+3x^2-5x+1 \end{aligned}$$

$$
\begin{aligned}
A-B &= (7x^3+x^2-9x+3)-(x^3+2x^2+4x-2)\\
&= (7-1)x^3+(1-2)x^2+(-9-4)x+(3+2)\\
&= 6x^3-x^2-13x+5
\end{aligned}
$$

$$
\begin{aligned}
5A &= 5(7x^3+x^2-9x+3)\\
&= 35x^3+5x^2-45x+15
\end{aligned}
$$

となる。

また，整式の積は，以下の分配法則（複号同順）を用いて計算する。

$$A(B \pm C)=AB \pm AC \qquad (3.23)$$

$$(A \pm B)C=AC \pm BC \qquad (3.24)$$

このように，分配法則を用いて，単項式の和の形に表すことを「展開する」という。

分配法則のうち，次の乗法公式はよく知られている。学校の数学で，暗記させられた読者も少なくないだろう。これらの公式は，機械的に暗記するのではなく，上記の分配法則を用いて実際に展開して確認していただきたい。

① $(a+b)^2=a^2+2ab+b^2$
$(a-b)^2=a^2-2ab+b^2$

② $(a+b)(a-b)=a^2-b^2$

③ $(x+a)(x+b)=x^2+(a+b)x+ab$

④ $(ax+b)(cx+d)=acx^2+(ad+bc)x+bd$

因数分解――嫌われ者だが役に立つ

前項の乗法公式は，たとえば

$$(a+b)^2 \rightarrow a^2+2ab+b^2$$
$$(x+a)(x+b) \rightarrow x^2+(a+b)x+ab$$

のように，整式を「単項式の和の形」に展開するものであったが，逆に

$$a^2+2ab+b^2 \rightarrow (a+b)^2 \rightarrow (a+b)(a+b)$$
$$x^2+(a+b)x+ab \rightarrow (x+a)(x+b)$$

のように，整式Pを2つ以上の整式（項）A，B，…の積に表すことを「因数分解する」といい，各整式（項）を，それぞれ整式Pの「因数」という。この因数分解もまた，数学嫌いを生み出す嫌われ者の代表格だろう。ここでつまずいて数学に苦手意識を持ち始めたという人も少なくないと思うが，じつはこの因数分解も大いに役立つはたらき者であり，私は，因数分解を数学史の中の"大発見"の一つだと考えている。

因数分解の基本は，整式の各項に共通の因数があるとき，たとえば

$$AB+AC=A(B+C) \qquad (3.25)$$
$$AC+BC=(A+B)C \qquad (3.26)$$

のように，その共通因数でくくることである。これは，上述の分配法則と逆である。

第1章の冒頭で「紀元前3000年，メソポタミア南部のバビロニアに文明を興したシュメール人は，早くから文字

と数記号を持っていたと考えられている」と述べたが，この因数分解，つまり「共通因数でくくる」という原理が，バビロニアの数学文書に書かれているといわれるから驚きである。この因数分解を書物に遺しているのは，紀元前3世紀頃の『ユークリッド原論』が最古とされている。

因数分解は，次節で述べる「方程式」を解くうえで絶大な効果を発揮するし，また，物理学の分野でも，一見複雑な「自然現象 P」（たとえば気象）が「自然現象 A」（気圧）×「自然現象 B」（気温）で表されるとすれば，その複雑な「自然現象」の理解を大いに助けることになるだろう。自然現象に限らず，さまざまな社会現象，あるいは自分の身のまわりに起こることの本質を考えるうえで，後述の「方程式」とともに，物事を「因数分解して考える」ことはきわめて大切である。

数式の効用――直感しづらい現象を一目瞭然に示す

ここまで，さまざまな数式や整式について述べてきたが，本節の最後に，“数式の効用”の実例を掲げ，読者のみなさんに数式を好きになっていただきたいと思う。

最近は，“時計”といえばほとんどがデジタル時計で，“振り子時計”はあまり見かけなくなったが，あの振り子がいったりきたりする運動を「単振動」とよぶ。単振動の仕方を文章で表現すると，「単振動する振り子の周期 T は，振り子の糸の長さ L を重力の加速度 g で割ったものの平方根に，円周率 π の2倍を掛けたものに等しい」となる。

みなさんは，この文章を一読して，ここに登場する T や L，g や π の関係がすんなりと頭の中に描けるだろうか。もし「描ける」という人がいたら，その人はすばらしい頭脳の持ち主である。残念ながら，私にはすんなりと思い描くことができない。読者のみなさんの多くも同様ではないかと思う。

ところが，この文章の内容（自然現象である！）を数式で表すと，

$$T=2\pi\sqrt{\frac{L}{g}} \qquad (3.27)$$

となる。どうだろうか。先の文章の内容は，この式を見れば一目瞭然ではないだろうか。

「はじめに」でも述べたように，数式や数学が苦手という（あるいは，苦手と思っている）人は少なくないが，上記の例を見れば，数式というものがいかに便利で，内容の理解に大きな威力を発揮してくれるかが，おわかりいただけるのではないかと思う。これぞまさに，“数式の効用”である。

ついでながら，式（3.27）が明瞭に示していることを述べておく。

振り子の糸（あるいは棒）の先には錘（おもり）がついており，その振り子の周期 T は，錘の重さによって違うのではないかと思われる。直感的には錘が重いほどゆっくりと振動する，つまり，周期 T が長いような気がする。

しかし，式（3.27）には質量（重さ）の因子が含まれておらず，物体の落下の場合と同様に，周期 T は錘の重さに依存しない（「振り子の等時性」という）。このような事実も，数式は一目瞭然に示してくれるのである。

3-3 天秤を数学に持ち込んだ「方程式」

「方程」とはなにか

前述のように，算数と数学の違いは，文字式や方程式を使えるかどうかにある。
「方程式」とは，「未知数を含み，その未知数に特定の数値を与えたときにだけ成立する等式」のことで，等式が成立する特定の数値を実数の範囲で求めることが，本書における目的となる。この“未知数”が大きな役割を果たすのであるが，それについては後述する。

ところで，「方程式」の「式」はよいとしても，「方程」とは何なのか。

じつは，「方程」とは，中国の漢時代に書かれたといわれる『九章算術』の中の一章に見られる言葉である。「方程」の原義は「数量を並べて比べる」だが，その頃，天秤（てんびん）を肩にかついだり車に積んで歩いたりする，物の重さを測ることを専門とする「方程師」という職業もあったようだ。『九章算術』の「方程」の章では，後述する連立方程式の加減法による解法が取り扱われている。

天秤は，図3-8に示すように，中央を支点とする梃子（てこ）を用いて重さを測定する道具で，一方に重さを測ろうとする物を，他方に重さがわかっている分銅を載せて水平にすることで，物の重さを知るしくみになっている。つまり，梃子の一端に置いた物ともう一端に置いた分銅がちょうど釣り合って，梃子が水平になるときの分銅の重さが物の重さになるわけである。

小学校の理科の実験で，上皿天秤を使ったことを憶えて

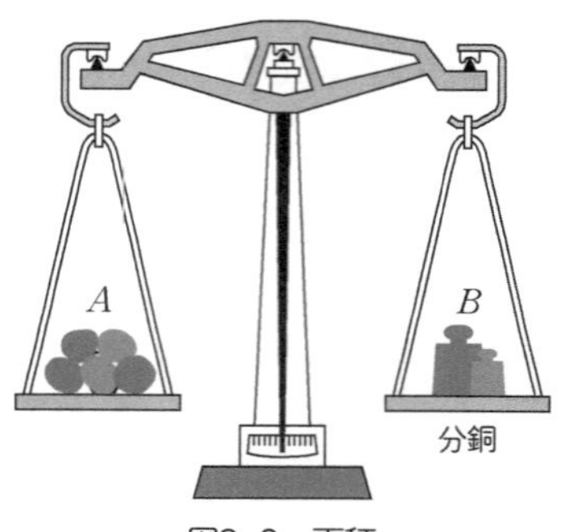

図3–8　天秤

いる読者も少なくないだろう。あの上皿天秤も，これと同じ原理である。最近は，日本で図３–８のような実際の天秤を目にすることはほとんどないが，私は先年，ブータンへいったときに，実際に天秤が市場（いちば）で多用されているのを見てとても懐かしく思った。

方程式の考え方は，まさに，この天秤の原理を巧みに使うものであり，「方程式」を「天秤式」とよんでもよさそうなものである。私は，方程式の“天秤原理”を知るにつけ，「方程式」とはじつにうまい名前をつけたものだと感心する。

いま，図３–８のように

$$A=B \qquad (3.28)$$

が等式として成り立っているとすれば，

$$A+C=B+C \qquad (3.29)$$
$$A-C=B-C \qquad (3.30)$$
$$CA=CB \qquad (3.31)$$
$$\frac{A}{C}=\frac{B}{C} \quad (C \neq 0) \qquad (3.32)$$

という等式も成り立つ。これらの意味は，「同じもの（$A=B$）に同じもの（C）を加えても」「同じものから同じものを引いても」「同じものに同じものを掛けても」「同じものを同じもので割っても」等しい，という等式の原理であり，方程式はこの原理を使って解かれることになる。

「勝利の方程式」に異議あり！

この「方程式の原理」は，数学のみならず，一般社会に生じるさまざまな問題を解くうえで強力な武器となる。

ところで，私は野球（特に高校野球）が大好きで，高校野球についてはあるチームの監督と親しいこともあって，県大会から地方大会，そして「甲子園」まで追っかけている。プロ野球はテレビ観戦がほとんどだが，アナウンサーや解説者がしばしば口にする「勝利の方程式」という言葉がとても気になる（はっきりいえば，気に入らない）。

先発投手が6回くらいまで投げ，試合をリードしている場合，残る回を，ほぼ決まっているリリーフ，クローザーとよばれる投手の継投で勝ちきろうとするとき，このような投手リレーを「勝利の方程式」とよぶのだが，これは「方程式（天秤式）」とはまったく関係ない。私は「勝利の方程式」という言葉を聞くたびに，「勝利の継投公式」とでもいってくれないかなあ～と思う。

ついでにいえば，大谷翔平選手が投手としても打者としても一流選手として活躍していることから，しばしば使われるようになった「二刀流」という言葉も気に入らない。「二刀流」というのは文字通り，あの宮本武蔵が創始した左右に２本の刀を持つ剣術の流派であり，もともとは「二天一流」とよんだ。いずれにせよ，使うのは同じ刀という道具の２本である。大谷選手は打者と投手というまったく異なる２つの分野において，いずれも一流なのであり，両手に２本の刀を持つのとは大違いである。

アメリカの大リーグで活躍する大谷選手を，英語では正しく“two-way player”とよんでいる。左右いずれの打席でも打てる「スイッチ・ヒッター」を「二刀流」とよぶのはかまわないと思う（誰もそうはよばないが）。なお，この「スイッチ・ヒッター」は英語でも“switch-hitter”である。

未知数の効用――「わからないまま進む」妙

先述の通り，方程式には「未知数」が含まれる。未知数は，「それがどんな数だかわからないが，とりあえず“x”ということにしておこう」という発想から方程式の中に組み入れられ，まずは等式（天秤の水平）がつくられる。

たとえば「ある数を４倍して，８を足したら28になった。この“ある数（未知数）”を求めよ」という問題を考えてみる。この“ある数”はどんな数だかわからないが，とりあえずxとすれば，

$$4x+8=28$$

という方程式をつくることができる。前述の等式の原理を用いて,

$$4x+8-8=28-8$$
$$4x=20$$
$$\frac{4x}{4}=\frac{20}{4}$$
$$x=5$$

となり,“ある数(未知数)”は5であることがわかる。

このように,方程式を満たすxの値を,その方程式の解(かい)といい,方程式の解を求めること,つまり未知数を求めることを「方程式を解(と)く」という。

私が強く感じる方程式のすばらしさは,数学的道具としての便利さのほかに,「どんな値だかよくわからないけれど,とりあえず“未知数”として話を先に進めよう,論理を組み立ててみよう」とする考え方である。現時点ではわからない“未知数”というものを“一人前”に扱って,話を進めるという思想である。このような考え方は,広く人生の中で大いに役立つ。未知のことは未知のままにしておいて,とりあえず前に進んでみようという姿勢である。

このような“姿勢”はどのような分野の研究においても大切だと思われるが,私が長らく従事した実験物理学の分野では,ある実験結果を考察する場合の“仮説”が“未知数”に相当する。研究において,それまでに知られていなかったような結果が得られたとき,未知数(仮説)を設定して論を進めることほど,心がわくわくすることはない。

数学でも物理でも,学校で習うどんな教科にもいえるこ

とだが，それらを勉強した成果を，その教科内にとどめておく，もっと味気なくいえば，試験のためだけにしておくのはまことにもったいない話である。さまざまな教科から「広く人生に役立つようなさまざまな考え方」を学びとってほしいと思う。だから，“丸暗記”は試験には役立つかもしれないが，現実の人生にはほとんど意味がないのである。方程式の未知数は，「広く人生に役立つようなさまざまな考え方」の中の最たるものの一つだろう。

ところで、私は本書のサブタイトルを「『勝利の方程式』は解けるのか？」としたが、「勝利の方程式」を解くことはできない。なぜならば、そもそも「勝利の方程式」は方程式ではないからである。

この“悪い例”を反面教師にして、ぜひ正確な「方程式」の意味を理解していただきたい。

方程式のよび方

前記の方程式は未知数がxの１つだけで，このような方程式を１元方程式とよぶ。また，たとえば$y-3x=0$のように，未知数が２つ含まれる方程式を２元方程式とよぶ。同様に，未知数がn個含まれる方程式をn元方程式とよぶ。

また，前記の１元方程式は，xについての１次式なので，１次方程式とよばれる。つまり，１元１次方程式である。これに対し，a，b，cが定数で，$a \neq 0$のとき，

$$ax^2+bx+c=0 \qquad (3.33)$$

の形で表される方程式を，xについての２次方程式（未知

数がxの1つなので1元方程式）という。$a=0$, $b\neq0$ならば1次方程式である。最高次数がx^3, x^4, …, x^nの方程式はそれぞれ，3次方程式，4次方程式，……，n次方程式とよばれるが，一般に3次以上の方程式は「高次方程式」とよばれることがある。

2次方程式で基本をマスター

以下，初等数学において最も基本的，そして重要と思われる2次方程式について，いやにならない程度に詳しく見ておこう。

一般に，2次方程式$ax^2+bx+c=0$は，左辺が因数分解できる場合，つまり

$$ax^2+bx+c=(px+q)(rx+s)=0 \quad (p,\ r\neq0) \qquad (3.34)$$

という形に表される場合，2次方程式は2つの1次方程式

$$px+q=0 \qquad (3.35)$$
$$rx+s=0 \qquad (3.36)$$

を解くことによって，未知数xを求めることができる。たとえば，

$$x^2-x-12=0$$

は，

$$x^2-x-12=(x+3)(x-4)=0$$

と因数分解できるので，

$$x+3=0 \rightarrow x=-3,\ \text{または}\ x-4=0 \rightarrow x=4$$

となり，２個の解が得られる。

ちなみに，２次式を因数分解するためには，あるテクニックが必要なのであるが，それについては本書では触れない。数学の教科書には必ず書かれているので，それを参照していただきたい。

次に，２次方程式の左辺が容易に因数分解できない場合のことを考えてみよう。まず，$k>0$ のとき，

$$x^2=k \qquad (3.37)$$

の解を求める。この式を変形すると，２次方程式

$$x^2-k=0 \qquad (3.38)$$

となるので，145 ページに記した因数分解の公式（分配法則）②

$$② \ (a+b)(a-b)=a^2-b^2$$

を用いて，

$$x^2-k=(x+\sqrt{k})(x-\sqrt{k})=0 \qquad (3.39)$$

から，解

$$x=-\sqrt{k},\ \text{または}\ x=\sqrt{k}$$

を得る。このことを利用すると，２次方程式の左辺が容易に因数分解できない場合，その方程式が

$$(x+m)^2=k \qquad (3.40)$$

の形に変形できれば，解を求めやすくなる。この方法で得られる２次方程式 $ax^2+bx+c=0$ の一般解を求める有名な（昔習った懐かしい？）公式が，

$$x=\frac{-b\pm\sqrt{b^2-4ac}}{2a} \qquad (3.41)$$

である。この公式を導く過程は割愛する。興味ある読者は数学の教科書を見ていただきたい。

なお，前記の例で，$k<0$ の場合，式（3.37）より，$x^2=k<0$ ということになるので，方程式自体が成り立たず，このような場合は「方程式に解はない」という。

ここで，休憩がてら，２次方程式の応用問題を解いていただきたい。答えは次ページ。

全長 12m のロープで面積 8m^2 の長方形をつくるには，長方形の各辺を何 m にすればよいか。

１辺の長さをxｍとすれば，他辺の長さは $\frac{12}{2}-x=6-x$ （ｍ）である。題意を表した方程式は，

$$x(6-x)=8$$

で，この式を変形した

$$x^2-6x+8=(x-2)(x-4)=0$$

から，$x=2$，または$x=4$を得る。つまり，答えは２ｍ，４ｍを２辺とする長方形である。

連立方程式とはなにか

こんどは，未知数が２つある方程式について考えてみよう。一般に，一方の未知数をxと置けば，他方の未知数はyと置かれる。たとえば，

$$x+y=20 \qquad (3.42)$$
$$3x+6y=48 \qquad (3.43)$$

は２元１次方程式とよばれる。そして，これら２つの方程式が同時に成り立つ場合を考えるとき，これらを「連立方程式」とよぶ。

連立方程式を解くにあたり，「未知数が２つある場合は，２つの異なった方程式がないと未知数を決定できない」という重要な原則がある。なお，互いに定数倍の関係にある方程式，たとえば，上記の$x+y=20$と，$3x+3y=60$は実質的に同じ方程式と見なされ，“２つの異なった方

程式"とは認められない。連立方程式もまた，151ページで述べた「等式の原理」を使って解くことができる。

上記の連立方程式を解いてみよう。方程式の解き方は1つに限られるものではなく，いく通りも考えられる。以下に示すのは一例である。

式（3.42）の両辺を3倍すると

$$3x+3y=60 \qquad (3.44)$$

となり，式（3.44）から式（3.43）を引くと，

$$\begin{array}{r} (3x+3y=60) \\ -(3x+6y=48) \\ \hline -3y=12 \end{array} \quad \therefore y=-4$$

$y=-4$を式（3.42）に代入すると，

$$x-4=20 \quad \therefore x=24$$

と，未知数x，yが簡単に求められる。

数学は算数よりはるかにやさしい！

算数と数学を比べた場合，一般的な印象としては「数学のほうが難しい」だろう。

両者の違いはすでに述べたように，算数では文字式や方程式が使えないが，数学ではこれらを使える点にある。以下，同じ文章問題を算数と数学で解いてみて，両者の違いを実感していただきたい。

メロン10個と桃8個を買うと，代金の合計は6100円

である。また，メロン８個と桃10個を買うと，代金の合計は5600円である。メロンおよび桃１個の値段は，それぞれいくらか。

最初に，算数で解いてみていただきたい。算数で使えるのは，図および四則演算だけで，文字式や方程式は使えない。

まず，題意を数式で表すことが必要である。

メロン10個＋桃８個＝6100円　①
メロン８個＋桃10個＝5600円　②

この２つの式を出発点として，メロンと桃１個のそれぞれの値段を求めなければならない。さあ，どうしよう。頑張って解いていただきたい。小学生が解ける問題である。

①，②をじっくり眺めてみると，「①，②まとめて買ったら……？」という発想が浮かぶかもしれない。まとめて買ったとすれば，

メロン18個＋桃18個＝11700円　③

である。③から

（メロン１個＋桃１個）×18＝11700円　④

が見えてくる。つまり，

メロン１個＋桃１個＝11700円／18＝650円　⑤

である。このことに着目し，①を

メロン2個＋(メロン8個＋桃8個)＝6100円　⑥

と考えると，⑤より

メロン8個＋桃8個＝(メロン1個＋桃1個)×8
＝650×8＝5200円　⑦

だから，⑦を⑥に代入して

メロン2個＋5200円＝6100円
メロン2個＝6100円－5200円＝900円
メロン1個＝450円　⑧

が求められる。桃1個の値段は，⑧を⑤に代入して

450円＋桃1個＝650円
桃1個＝650円－450円＝200円

が求まる。以上が，算数による解答の一例である。

かなり，手間と頭を使ったのではないだろうか。算数の問題を解くには，思考の柔軟さが求められる。それが，算数の問題を解く面白さでもある。

こんどは，同じ問題を数学で解いてみよう。方程式特有の未知数を導入して話を進めればよい。

メロン1個の値段をx円，桃1個の値段をy円とすれば，

$$10x+8y=6100 \quad ⑨$$
$$8x+10y=5600 \quad ⑩$$

という2元1次の連立方程式がすぐに立てられる。

この方程式の解き方はいくつかあるが，「等式の原理」

に基づき，yを消去する方法で解いてみよう。式⑨から，

$$8y=6100-10x$$

$$y=\frac{6100-10x}{8} \quad ⑪$$

となり，⑪を⑩に代入して

$$8x+10\times\frac{6100-10x}{8}=5600$$

$$64x+10\times(6100-10x)=44800$$

$$64x-100x=44800-61000$$

$$-36x=-16200$$

$$x=450 \quad ⑫$$

が得られ，⑫を⑪に代入して

$$y=\frac{6100-10\times450}{8}$$

$$=200$$

となり，メロン1個450円，桃1個200円が求められる。

どうだろう？

方程式を使った数学の解法は，算数の解法と比べ，じつに機械的であり，はるかにやさしいと思わないだろうか。

算数と数学を比べたとき，私は，明らかに算数のほうが頭を使わなければならず，難しいと思う。はっきりいえば，数学にはあまり頭を使うところがない。

本書の主旨である「いやでも数学が面白くなる」を考えると，いささかいいにくいことではあるが，数学は算数と比

べてやさしいぶん，面白みには欠けるというのが私の正直な気持ちである。

しかし，そのような数学でも，本書を通じて面白くなっていただけると思うし，「応用」の観点からいえば，数学は算数にはるかに勝るので，安心して本書を読み続けていただきたい。

「許容範囲」を見極める不等式

いままで述べてきた方程式は，左右の両辺を「＝（等号)」で結んだ等式であった。これに対し，両辺の大小関係を不等号（＞あるいは＜）で表すのが「不等式」である。日常生活の中で「不等式」に出会うことはほとんどないかもしれないが，「＞あるいは＜」という大小関係にはしばしば遭遇する。むしろ，日常生活においては，ある意味では「許容範囲」を示す不等式のほうが，より現実的にも思えるほどだ。

まず，不等号の意味を実数 a，b で確認しておこう。

$a>b$ ： a は b より大
$a<b$ ： a は b より小

不等号と等号の併記も可能である。

$a \geqq b$ ： a は b に等しいか b より大
$a \leqq b$ ： a は b に等しいか b より小

実数の大小関係について，次の基本性質（不等式の原理）がある。151 ページに示した等式の原理と比較していただきたい。基本的に同じであることがわかるだろう。

① $a<b$, $b<c$ ならば，$a<c$

② $a<b$ ならば，$a+c<b+c$, $a-c<b-c$

③ $a<b$, $m>0$ ならば，$ma<mb$, $\frac{a}{m}<\frac{b}{m}$

$a<b$, $m<0$ ならば，$ma>mb$, $\frac{a}{m}>\frac{b}{m}$

未知数xに関する２つの数の大小関係を，不等号を用いて

$$x>5$$
$$5x+2>10$$

のように表したのが，xについての不等式である。２つの式が連立されているならば，２つの式を同時に満たすxの値の範囲を求めることが目的となる。

この点が，連立方程式でピンポイントの数値を求めるのとは異なるところである。数学的には，ただそれだけの意味ではあるが，前述のように，日常生活においては「許容範囲」を求める，あるいは知ることのほうが重要である場合が多いのではないだろうか。個別の現象が複雑に関係しあう自然現象においても，ピンポイントの数値よりも，「許容範囲」により大きな意味があることが多いだろう。

不等式は基本的に，方程式の等号が不等号に変わっただけで，方程式と同じように解くことができる。「不等式の原理」は，以下に述べる「移項」の際に＋／－の符号を変えることと，両辺に－を掛けるときは不等号を変えること（＞を＜に，＜を＞に）に注意するだけで「等式の原理」

とほぼ同様に扱えるからである。また，方程式と同じように，１次不等式，２次不等式，連立不等式などがある。

たとえば，１次不等式

$$2x+6\leqq 7+4(x-3)$$

を解いてみよう。

式を整理して，xを含む項を左辺に，定数項を右辺に移項する。前述のように，移項の際には＋／－の符号を変えることを忘れないように。

$$2x-4x\leqq 7-12-6$$
$$-2x\leqq -11$$

両辺に－１を掛けて，

$$2x\geqq 11$$
$$\therefore x\geqq \frac{11}{2}$$

同様に，２次不等式

$$x^2-x-12>0$$

を解いてみよう。

$$x^2-x-12=(x+3)(x-4)>0$$

この不等式が成り立つのは，

① $x+3>0$，$x-4>0$が同時に成り立つ，

あるいは

② $x+3<0$, $x-4<0$ が同時に成り立つ

のいずれかの場合である。①から $x>4$, ②から $x<-3$ が求まる。したがって，解は $x>4$, または $x<-3$ である。

また，不等式

$$x^2-x-12<0$$

の場合は，

$$x^2-x-12=(x+3)(x-4)<0$$

となり，この不等式が成り立つのは，

① $x+3>0$（つまり $x>-3$）, $x-4<0$（つまり $x<4$）

あるいは

② $x+3<0$（つまり $x<-3$）, $x-4>0$（つまり $x>4$）

のいずれかの場合であり，①から $-3<x<4$ が求まるが，②の２式を同時に満たす x は存在しない。したがって，解は $-3<x<4$ である。

じつは，私たちは155ページで，$x^2-x-12=0$ という方程式を解いていた。

「アキレスと亀」のパラドックスをあばく

この節の最後に，休息を兼ねて，少々思考の遊びをしてみよう。

昔から有名なパラドックス（逆説）に，「アキレスと亀」という話がある。パラドックスというのは，一見成り

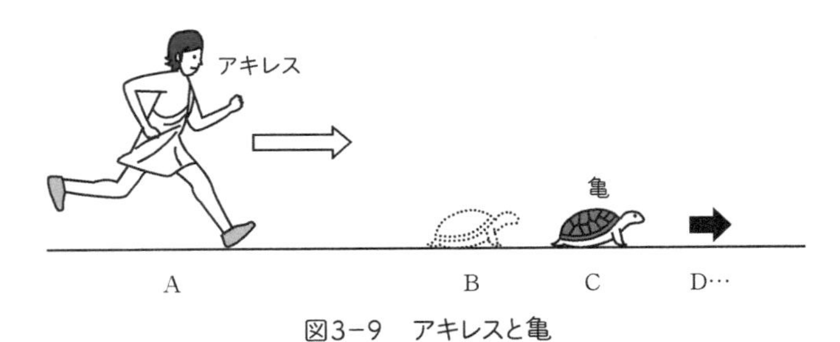

図3−9　アキレスと亀

立つと思えるような内容ではあるが，よく考えてみると，どこかヘンな，それ自体に矛盾した内容が含まれていて論理的には成り立たないものをいう。

「アキレスと亀」のパラドックスは，紀元前5世紀の古代ギリシャの哲学者・ゼノン（前490頃〜前430頃）がいい出した話で，神話に出てくる英雄で俊足として名高いアキレス（“アキレス腱”の語源）が前をいく亀を追いかけても絶対に追い抜くことができない，というものである。

もちろん，直感的には（常識的にも）「そんなことはない！」と思うのだが，次のような説明を聞くと，「あれっ!?　たしかにアキレスは亀を追い抜けないぞ」と思ってしまうのだ。まさに，パラドックスである。

図3−9に示すように，いま，たとえば，A点にいるアキレスと100 m先のB点にいる亀が同時にスタートする。そんなに速く歩ける亀はいないと思うが，話を簡単にするために，亀の歩く速さはアキレスが走る速さの $\frac{1}{10}$ としよう。

アキレスがB点まできたとき，亀はB点から10 m先の

C点にきている。次に，アキレスがC点まできたとき，亀はC点から1m先のD点にきている。次にアキレスがD点まできたとき，亀はD点から10 cm 先のE点にきている。このように，アキレスと亀との差はしだいに小さくなり，無限に0に近づいていくのは事実なのであるが，亀は止まっているわけではないので，アキレスと亀との差が0になることはない，つまり，アキレスは絶対に亀を追い抜けない！　というのである。

この説明の中にオカシイところはないように思われる。しかし，現実的には，アキレスはあっという間に亀を追い抜くことだろう。この話を頭の中で考えると，ほんとうに頭がオカシクなりそうだ。

この話の矛盾をあばくには，方程式とグラフを使うのがいちばんである。

いま，仮に，アキレスの秒速を10 m（100 mを10秒で走るからオリンピック選手並み），“超高速”亀の秒速を1mとする。アキレスの出発点を原点とすると，アキレスの出発時に亀は原点から100 m離れた地点にいるわけである。アキレスが出発してからt秒後に，亀とアキレスがいる地点の原点からの距離をそれぞれ$d_{亀}$，$d_{アキレス}$とすると，それらはtの関数として

$$d_{亀}=f(t)=100+1\times t \qquad (3.45)$$

$$d_{アキレス}=f(t)=10\times t \qquad (3.46)$$

となる。これらの式をグラフに表すと，図3-10のようになる。両方のグラフが交叉するP点が，アキレスが亀を追い抜く点である。その時間は，両者がスタートしてからお

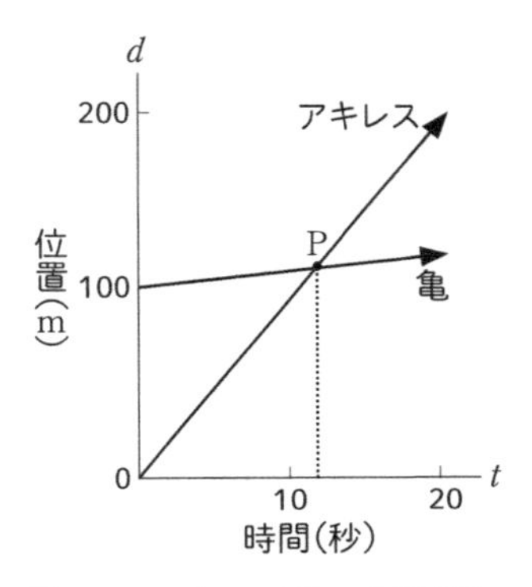

図3–10 アキレスと亀の走行グラフ

よそ11秒後であることが，グラフから読み取れる。「アキレスが亀に追いつく」ということは，

$$d_{アキレス} = d_{亀}$$

ということだから，式（3.45），式（3.46）から得られる方程式

$$10t = 100 + t$$

を解くと，$9t = 100$ から，$t = 11.111\cdots$ が求まる。

ゼノンの巧妙なパラドックスにあやうく騙（だま）されそうになったが，図3–10のグラフが見事に救ってくれた。つまり，ゼノンのパラドックスは，P点以前（11.111…秒以前）のことをクドクドと述べているわけである。

3-4 確率と統計に惑わされないために

平均値の落とし穴

ある数値，あるいは自分自身が，全体（集団）の中でどのような位置を占めるか，を知る目安になるのが「平均値」である。

情報時代の現在，学校や社会はもとより，日常生活の中にもさまざまな数値が闊歩（かっぽ）（氾濫？）している。健康診断を受ければ，体重，肥満度，血圧，血糖値，中性脂肪値，……などなど，じつにたくさんの数値が報告され，私たち（私）はそのような数値に一喜一憂させられる。

多くの場合，「平均値」というものが一応の目安，基準とされる。しかし，じつは，この「平均値」というのが曲者（くせもの）で，注意が必要なのである。

たとえば，図3-11はある集団（総勢144人）における各員のある実績を0～10にポイント化してグラフで表したものである。「ポイント0」は「業績ゼロ」，「ポイント10」は「最高業績」ということにしよう。

この図3-11のような分布は一般に「山型分布」とよばれるが，試験の点数や運動能力，個人の収入，身長や体重など，一般社会にも自然界にも普通に見られる分布である。

0～10の各ポイントごとの度数（人数）を掛けたものをすべて加えて（10×2+9×10+8×18+…），それを144（人）で割れば平均値が求められる。図3-11に示されるデータから求められる平均値は，5.5である。

自身のポイントと，この平均値（5.5）とを比較すれば，

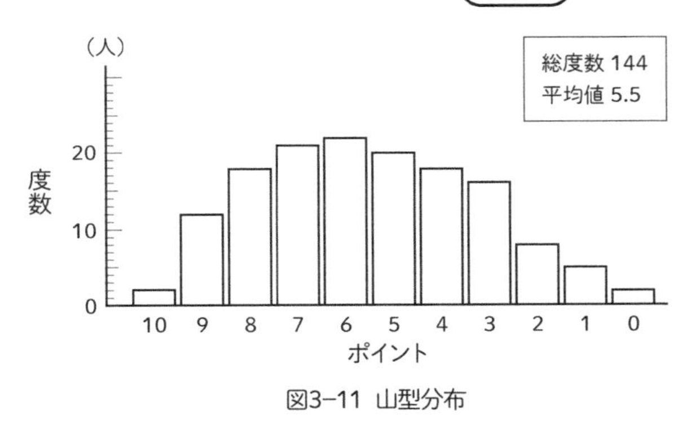

図3–11 山型分布

自分がこの集団の中で“優等”に属するのか，“劣等”に属するのかがよくわかる（もちろん，この場合の「優等」「劣等」は，「ある分野の業績」という観点からのみのことである）。たとえば，企業で「売り上げ」を重視する営業課の人事考課をする立場の人や，試験結果から優・良・可・不可の成績をつける立場の人（私もかつて，大学で長いあいだそういう立場にあった）は，図 3–11 のようなデータを参考にするのが一般的である。

また，たとえば，ある新商品の大きさを決める際，その大きさをポイント化して，どのような大きさが好まれるかを市場調査した結果，125 人から回答が得られ，そのデータから上記の方法で平均値を求めたところ，5.7 という数値が得られたとしよう。単純に考えれば，ポイントが 5～6 に相当する大きさの商品をつくれば，いちばん無難な気がする。

しかし，この市場調査の結果の分布は，じつは図 3–12 のような「谷型分布」だった。つまり，平均値を重視し

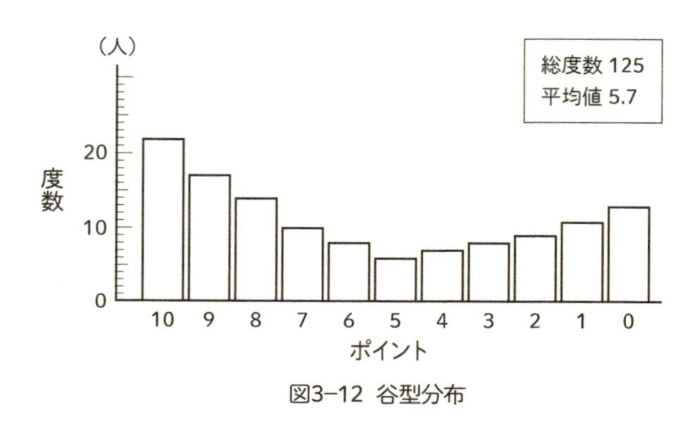

図3-12 谷型分布

て，大きさが5～6の商品をつくったら，最も売れないという結果が見えてくる。

たしかに，「平均値」は「ある数値」あるいは「自分」が全体の中でどのような位置を占めるかを知る目安にはなるのだが，図3-12のような分布から得られる「平均値」は，ある意味では危険な「平均値」である。「平均」を過度に信用するわけにはいかない。

こんな分布，あり得る?――なさそうで身近にある一様型分布

もう一つ，典型的な分布型を示しておこう。

それは，「一様型分布」とよばれる図3-13のようなものである。

自然界でも人間社会でも，図3-11のような「山型分布」（数学用語では，後述する「正規分布」あるいは「ガウス分布」とよばれる）になるものがほとんどなので，ポイントが一様に分布することを示す図3-13のような現象は珍しい。具体的にどのようなものがあるか，ぜひみなさ

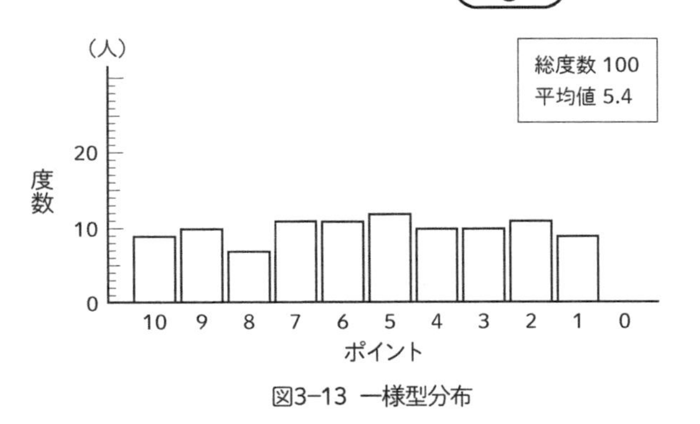

図3–13 一様型分布

んに考えてみていただきたい。「自分の頭で考えること」は，脳を活性化させる最良の手段である。

何か思い当たっただろうか？

なかなか思いつかないという人にヒントを一つ。横軸のポイントを1，2，3，4，5，6にしたらどうだろう。

1～6の数字といえば，誰の頭にも浮かぶのはサイコロだろう。サイコロは6個の正方形が囲む立方体（正六面体）で，それぞれの面に1～6の数字を意味する●が描かれている。もし，サイコロが完全な立方体であれば，1～6が出る確率はいつも $\frac{1}{6}$ だから，たとえばサイコロを60回振れば，それぞれの数字が出る回数はどれも同じ10回になるはずである。まあ，60回程度では多少のバラツキが出るのが現実だろうが，振る回数をどんどん大きくしていけばいくほどバラツキが小さくなって，すべての数字の出る確率が等しく $\frac{1}{6}$ に近づいていくはずである。

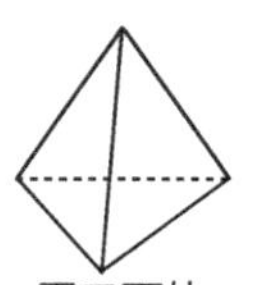

立方体
（正六面体）

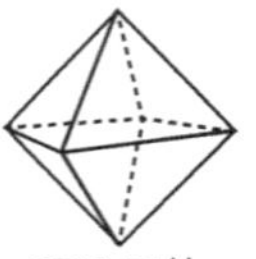

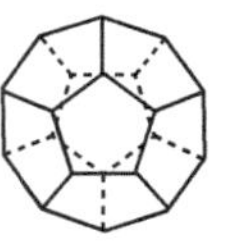

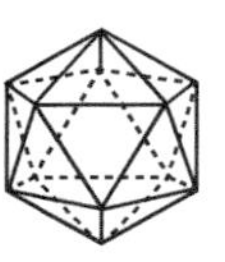

図3–14 いろいろな正多面体

さて，図３-13を見てみよう。

もし，正十面体のサイコロをつくることができ，各面に１～10の数字を配すれば，前述のサイコロと同じことがいえる。もちろん，サイコロの場合，「０ポイント」は存在しないので，図３-13の横軸から「０」を除く。

正多面体とは，図３-14に示すようにすべての面が同じ正多角形で，すべての頂点における多面角が等しい立体（多面体）である。その数は意外に少ない。私たちにとっていちばん馴染み深い正多面体は，サイコロの正六面体だろう。

最近はあまり見かけなくなってしまったが，昔は“テトラパック”（スウェーデンのテトラパック社の登録商標）の牛乳やジュースがあった。“テトラ”は“４”という意味で，テトラパックは４枚の正三角形がつくる正四面体形状である。また，ピラミッドを２個上下に重ねると，８枚の正三角形がつくる正八面体となる。

以上の３つが，一般に知られる正多面体である。このほかに存在する多面体は12枚の正五角形がつくる正十二面体，20枚の正三角形がつくる正二十面体の２つしかない。つまり，正多面体は５種類に限られるのだが，このことは，すでに紀元前 3 世紀の古代ギリシャで知られていた。

さて，残念ながら正十面体というものはこの世に存在しないので，正十面体のサイコロはつくることはできない。しかし，幸い 10 の倍数の正二十面体があるので，正二十面体の各面に 1 ～10 の数字を 2 個ずつ，それぞれ対面に描き込めば用を足すことができる。

この正二十面体のサイコロを 100 回振った結果が，図 3 -13 である。

普通のサイコロの場合と同じように，このサイコロが完全な正二十面体であれば，1 ～10 が出る確率はいつも $\frac{1}{10}$ だから，それぞれの数字が出る回数は同じ 10 回になるはずである。振る回数をどんどん大きくしていけばいくほどバラツキが小さくなって，すべての数字の出る確率が等しく $\frac{1}{10}$ に近づいていく。

完全な正二十面体サイコロの場合，ポイントの平均値はいくつになるか計算してみていただきたい。簡単な足し算と割り算で平均値は求められ，それは 5.5 である。上記のようにすべての数の足し算をやらなくても，数値の両端から順に 1+10，2+9，…，とすると，その和はいずれも 11 になるので，それを 2 で割れば 5.5 が得られる。

もちろん，実際には「5.5」という目が存在しないことに注意する必要があるが，図 3 -13 のような分布を示す現象を考えることは可能である。図 3 -13 の元になった実際のデータから求めた平均値は 5.4 である。

その平均，どんな分布の中の値ですか？

さて，「ある数値」あるいは「自分」が全体の中でどのような位置を占めるか，を知る目安になるのが「平均値」であると述べた。

図3-11〜図3-13には，いずれも近い値（5.4〜5.7）の「平均値」が示されている。その平均値だけで，「ある数値」あるいは「自分」が全体の中でどのような「位置」にあるのかを判断するのは危険である。もうおわかりのように，「平均値」に加えて「分布」も重要なのである。

前述のように，私たちは日常生活において，さまざまな場面で「平均値」というものに遭遇する。そのとき，その「平均値」だけに惑わされることなく，それがどのような「分布」における平均値であるのかに，大きな注意を払っていただきたい。

最後にもう一つ，曲者の平均値の代表例として「平均年収」の話をしよう。

ある100人の集団の「平均年収」を調べたところ，「平均」が1970万円だった。Aさんの年収は1000万円なので，いつも「世間的にいえば，自分の収入はかなりいいほうだ」（事実「そう」だろう）と，本人も家族も年収に関しては満足の毎日を送っていた。ところが，この調査結果を知って，当人も家族（多分，奥さん）も，「えっ！　100人の平均年収が1970万円!?　なんだ，ウチは平均以下だったのか！」と愕然（がくぜん）とした（じつは，このようなときに愕然としないためにも，65ページで述べた「自分と他人とを比較しないこと」が大切なのである！）。

しかし，ここからがAさん（本書を読んだ？）の賢いところである。

その「平均値」の元になっている「100人の集団の収入のデータ」を調べてみた。それは表3－2のようなものだった（数値は単純化してある）。年収10億円というような飛び抜けた年収の一人が「平均年収」を吊り上げていたのだ。

年収(円)	人数
10億	1
1億	4
1000万	25
500万	60
200万	10

表3－2 100人の年収

このデータを見れば，Aさんを超える年収の人は100人中5人しかおらず，Aさんクラスの人は全体で25％しかいない。Aさん未満の年収の人が70％も占めている。表3－2の実数を知った後のAさんも家族も，少なくとも年収の点ではきわめて恵まれていることをあらためて実感し，心穏やかな毎日を送ることができたのである。

この例のように，ほんの一握りの人が超高額な年収を得ているような場合，「平均値」は実態（平均的な値）と掛け離れたものになってしまうので注意が必要である。

そういえば，常識をはるかに超えた，まさに常軌を逸した高額の年俸を不当に（？）得ていた会長さんがどこかの自動車会社にいましたね。この会長さんに比べれば，上記の「年収10億円の人」がかわいらしく思えてきます。

分布と分散，標準偏差――データの本質を知るための指標

さまざまな場で，ひんぱんに「平均値」は登場するが，その値だけを見ても，元になっているデータの姿や，データのバラツキ具合はわからない。平均値の意味を正確に把

握するためには，値に加えて，データの分布やバラツキを知る必要があることを再度，強調しておきたい。

もう一度，図3-11，図3-12を見ていただきたい。

いずれの平均値もほぼ同じ値であるが，分布がまったく異なっている。たとえ自分が平均的人間であっても，全体の中での「立ち位置」は，2つの分布でまったく異なってしまう。

データの概要を把握するうえで，分布の型を見る以外に手っ取り早い方法として，データの最大値と最小値を知ることがある。最大値と最小値の差が，データの“幅”である。この“幅”は，「統計」用語で「レンジ（範囲）」とよばれる。

表3-2は極端な例だが，この場合のレンジは10億－200万＝9億9800万となる。図3-11〜図3-13のデータのレンジはそれぞれ，10，10，9である。このようなレンジを知ることで，データの特徴がある程度見えてくるが，レンジはそのあいだにある値に関係なく同じになってしまうので，レンジだけでそのデータの全貌を知ることはできない。

たとえば，図3-15の横軸を，ある実績を数値化して10階級化したもの，縦軸をその度数と考えていただきたい。ⓐ，ⓑいずれも平均値は5，レンジは10だが，両者のデータの分布，バラツキはまったく異なる。

ⓐでは2つの山らしきものが見られるが，データのバラツキが大きい。ⓑの山は1つであり，度数が平均値（5）の付近に集中している。図3-11のような「山型分布」であり，前述のように，一般社会にも自然界にも普通に見ら

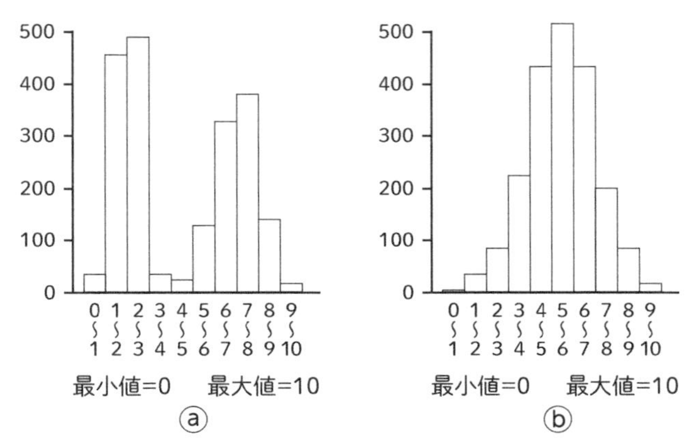

図3−15 データのバラツキ（神永正博『ウソを見破る統計学』講談社ブルーバックス、2011より）

れる分布である。

いい方を換えると，ⓐではデータのバラツキが大きく，平均値と分布とのあいだに特別の関係が見られないが，ⓑでは平均値の近くに多くのデータが集中している。

そこで，「平均値の近くにどれくらいのデータが集中しているか」を定量化するために，「分散」「標準偏差」というものを導入する。なお，統計データを定量化する数学的手法はやや煩雑であり，本書の主目的の域を超えるので，ここでは簡潔に“結果”のみを述べることにする。

「確率・統計」にさらなる興味がある読者は，谷岡一郎『確率・統計であばくギャンブルのからくり』，神永正博『ウソを見破る統計学』，小林道正『世の中の真実がわかる「確率」入門』（いずれも講談社ブルーバックス）などを読んでいただきたい。

いかなる統計データにおいても，「平均値」が重要な指標であることには変わりがない。

統計値（各データ）と平均値との差（偏差）を2乗し，算術平均（n 個の数を加えた和を n で割って得る平均）したものを「分散」，その「分散」の平方根を「標準偏差」とよぶ（つまり「標準偏差＝$\sqrt{分散}$」）。なぜ，わざわざ2乗したり，その平方根をとったりするのか，という当然の疑問が湧くと思うが，ここでは単純に「そのほうが数学的に扱いやすいから」と考えていただきたい。

私たちの日常生活において最も重要であり，また最も多く耳にするのは，この標準偏差である。以下，一般的な例で説明しよう。

最も自然な「正規分布」

前述のように，図3-11や図3-15ⓑのような分布は，一般社会や自然界のさまざまな事項，現象の統計においても普通に見られる分布であり，このような分布を「正規分布」あるいは「ガウス分布」とよぶ。正規分布は，平均値を中心に左右対称のベル型曲線になっている。

これは，一般社会や自然界のさまざまな事項や現象は，おしなべて平均値周辺の頻度が高く，平均値からプラス（＋）あるいはマイナス（－）方向に外れていけばいくほど，それが起こる場合が少なくなることを意味している。

したがって，図3-15ⓐのような分布は，一般社会においても自然界においてもきわめて特殊であり，不自然なものでもあるのだが，図3-15ⓐ，ⓑを見ると，私は「日米比較」を思い起こしてしまう（拙著『体験的・日米摩擦の

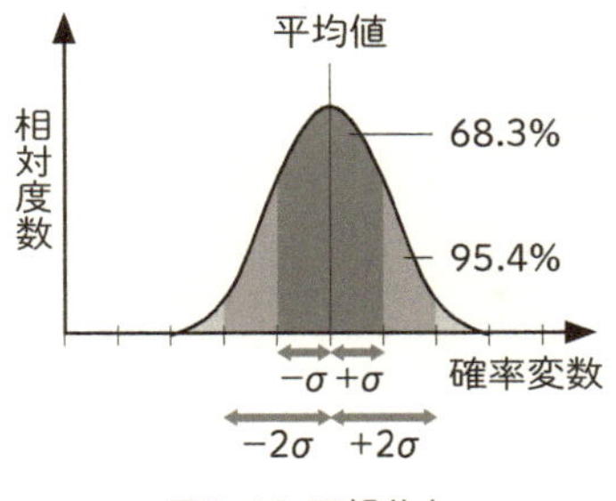

図3−16 正規分布

文化論』丸善ライブラリー，1992)。つまり，図3-15ⓑは何事も平均化している日本社会を表しているし，図3-15ⓐはさまざまな点において二極化が進んでいるアメリカ社会の姿と重なる。もっとも，最近は日本でも「勝者と敗者」,「金持ちと貧乏人」などにおいて，図3-15ⓐのような「二極化」現象が見られるようになっている。

ここでは，正規分布について考える。

正規分布の一例を図3-16に示す。横軸は，数学用語でいえば「確率変数」とよばれ，「ランダムに値が変わる変数」であるが，わかりやすい具体例は前掲の図3-11〜図3-13，図3-15の“ある実績を数値化したもの”である。また，175ページで説明した正二十面体のサイコロを振る場合は，1，2，…，10が確率変数である。普通のサイコロの場合は1，2，…，6が確率変数である。

平均値を中心に，左右対称のベル型曲線になっている正規分布の拡がりは，標準偏差（$\sqrt{分散}$）で決まる。

標準偏差をσ（シグマ）という記号で表すと，図3-16に示すように$\pm\sigma$（$-\sigma$〜$+\sigma$）の範囲に全体の68.3%が含まれ，$\pm 2\sigma$（-2σ〜$+2\sigma$）の範囲に全体の95.4%が含まれる。

大学の入学試験などの際にしばしば耳にする「偏差値」は，100点満点の試験で平均点を50点，σを10点になるように設定し，集団の平均からどの程度ズレているかを示す数値である。つまり，図3-16で平均50点，$\sigma=10$点とすると，40〜60点に68.3%，30〜70点に95.4%の受験生が含まれることになる。

たとえば，偏差値60以上の受験生のみが合格できるとすれば，合格するためには上位約15%以内に入っていなければならないということである。各自の偏差値は，

$$偏差値=\frac{個人の点-平均点(50)}{\sigma(10)}\times 10+平均点(50) \quad (3.47)$$

で求まる。

また，大学の"レベル（難易度）"が正規分布するとすれば，世の中の大学の68.3%は偏差値が40〜60のあいだにあるといえる。

ところで，「玉石混淆（ぎょくせきこんこう）」という言葉がある。意味は読んで字のごとく「いいもの・すぐれたもの・価値のあるもの（玉）と，悪いもの・劣ったもの・価値のないもの（石）が入り交じった状態にあること」で，自然界，社会のどのような集団・集合にも普遍的に見られる現象である。

私自身の経験からいっても，それらの比率はともかく，「玉」ばかり，あるいは「石」ばかりというようなことはない。あらゆる場所，物事には必ず「玉」と「石」が混在するものである。

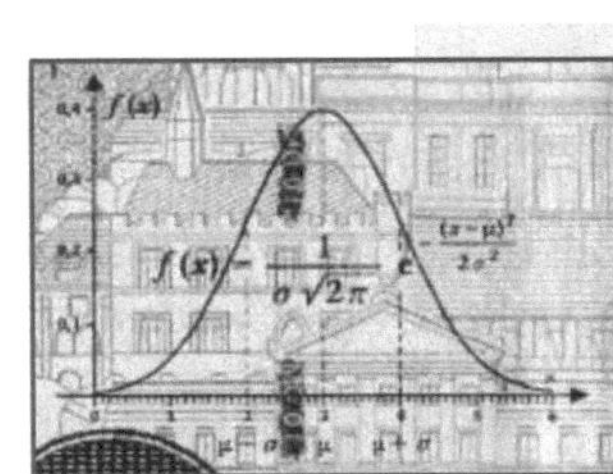

図3-17 ドイツ紙幣に見られるガウス分布

仮に，「玉度」と「石度」を確率変数として，それらの分布をとれば，「玉石混淆」というのは図3-15ⓐのような分布（右の山が「玉」，左の山が「石」）になるのかもしれないが，現実的には図3-16のような正規分布になるだろう。そして，極玉も極石もその数は僅少で，多くは95.4%の範囲の$\pm 2\sigma$に入るはずだ。

余談だが，私が昔，ドイツへいったときに出合い，「さすがドイツだなあ，数学者が紙幣のデザインに使われるんだ！」と感心した紙幣（いまでも大切に持っている）を図3-17に示す。その10ドイツ・マルク紙幣には，同国を代表する数学者であるガウス（1777～1855）と正規分布（ガウス分布），そしてガウス関数

$$f(x) = \frac{1}{\sigma\sqrt{2\pi}} e^{-\frac{(x-\mu)^2}{2\sigma^2}} \qquad (3.48)$$

が描かれている。

式（3.48）の意味はともかく，正規分布（ガウス分布）

が，このようなガウス関数で表されるということを知っていただきたい。なお，ガウス関数の中の x は確率変数，μ は平均値である。

ちょっと考えればわかることだが…？── 筋道立てて考えよう

Web誌『東京ウォーカー』2011年2月17日号に，面白い記事が出ていた。宝くじについての記事で「6億円当せんの大チャンス！　『BIG』当たりやすいのはこんな人」という見出しがついている。まず，その記事をよく読んでいただきたい。

〈2月18日（金）から発売される宝くじ「BIG」は，販売初回からキャリーオーバー約51億円が発生しており，6億円当せんの大チャンス！　（中略）“6億円の当せん”を目指す人に，「当せんしやすい日」から「当せんした人の傾向」までを一挙公開。宝くじ購入前にチェックしておいて損はないかも!?

2006年〜2010年シーズンの「BIG」1等・6億円当せん120本の内，2011年1月12日時点で当せん金受け取り済みの117本を対象に集計した結果，まず，「6億円が出やすい購入日」の1位に輝いたのは「土曜日」(28本)に。次いで，2位は「水曜日」(20本)，3位は「木・金曜日」（各19本）と続いた。また，「6億円が良く出る購入時間帯」の1位は「10時台」(13本)，2位は「12時台」，3位は「11・16・18時台」(各9本)。「6億円当せんくじ購入日の天気」の1位は「くもり」(33本)，続いて「晴れ」(27本)，「雨」（9本）という結果になった。

今回のBIG発売開始日は，金曜日なので，1日待って“6億円が出やすい”とされる土曜日に購入するのも手かも！

次に，「6億円が当たった人の年齢」をリサーチすると，1位が「30代」（34本），2位が「40代」（30本），3位が「50代」（23本）に。「6億円が当たった人の性別」では，「女性」が10本に対し，「男性」は107本と，男性が圧倒的な当せん率を見せた。〉

この記事を読んだみなさんは，どう思うだろうか。

まず，宝くじを買うなら，くもりの土曜日の10時台の時間に買うのがよさそうだと思いますか？

もし自分が「30代」でなければ，「30代」の知り合いに，また，もし自分が「男性」でなければ「男性」の知り合いに頼んで，宝くじを買ってもらいますか!?

「もちろん！　だって，それらに『宝くじに当せんしやすい』傾向がありそうだから！」

もし，そのように考えた読者は，本書をしっかり読んで「筋道立てて考える技術」を磨く必要がある。

この記事に書かれている「当せんしやすい日」「当せんしやすい年代」「当せんしやすい性」の“当せんしやすい”には，なんら科学的根拠がない。

まず，ここに書かれている数値はいずれも“実数”だが，“何人が宝くじを買ったのか”にはまったく触れられていない。

たとえば，「当せんしやすい日は土曜日」とのことだが，仮に“土曜日に購入した人”が1万人だったとすると，“当せん”の確率は28人／1万人で0.28％になる。また，

“金曜日に購入した人”が100人だったとすると，“当せん”の確率は19人／100人で19%になる。金曜日は土曜日に比べて70倍近く「当せんしやすい日」になる。断然，金曜日に買うべきだろう（？）。

「当せんしやすい年代」「当せんしやすい性」については，説明する必要がないだろう。いずれも，母数が示されていないので，この記事に書かれているデータは「宝くじの当せんのしやすさ」を探る点においてはまったくの無意味なのである。

私には，この記事を書いた記者の真意がよくわからない。真面目に「宝くじ購入前にチェックしておいて損はないかも!?」と書いたのか，ジョークのつもりで書いたのか。「宝くじ購入前にチェックしておいて損はないかも!?」に「？」が含まれているので，多分ジョークのつもりで書いたのだと思うが，そのジョークを真面目に考えて，宝くじを土曜日に買った人，「30代」の知り合いに，あるいは，「男性」の知り合いに頼んで買ってもらった人が少なからずいたのではないだろうか。

余談ながら，「店じまい，全商品50%引き」というようなチラシや看板をよく見掛けるが，「全商品50%引き」といっても，その商品の“元の値段”がいくらなのか，じつは高値でつかまされていることはないのかを調べたほうがよいだろう。また，「店じまい」にも注意が必要である。一般に「店じまい」と聞くと，条件反射的に「在庫一掃，捨て値での販売」を思い浮かべてしまうが，実際に私は，“定期的”に何度も“店じまい”する店を知っている。

微(かす)かに分ける「微分」

——本質を理解する「分割の思想」

微分・積分は，学校で習う数学の“スター”である。同時に，「ここで完全につまずいた」という数学嫌いの人も少なくないだろう。

その微分・積分は，理工系の各分野ではいうまでもなく，たとえば経済学で市場動向を理解する場合や，社会学におけるさまざまな情報の統計処理のような場合にも必要である。そして，微分・積分の考え方は日常生活においてもまた，大いに役立つものでもある。

きわめて重要な微分・積分だが，数学を嫌いになったり不得意になったりする大きなきっかけの一つでもある。しかし，一歩一歩筋道立てて考えていけば，微分・積分は決して難しくないし，わかりにくいものでもない。むしろ，とても面白く，数学そのものに対する興味を拡げてくれる存在ですらある。

ところが，学校では，この“一歩一歩”を飛ばして公式を憶え，無味乾燥な問題を解くことに終始しがちなので，どうしても理解しにくいし，その結果，面白くもなくなってしまう。

前章までに見てきたように，数学史上，偉大な発明は少なくないが，微分・積分がそれらの中で傑出したものの一つであることは間違いない。自然現象，特に運動に関する現象を定量的に理解するうえで，微分・積分が不可欠だからである。したがって本書のクライマックスも，この2つのテーマを取り上げることとする。

本章ではまず，「微分」の意味と考え方を徹底的に理解することを目指す。この章を読み終えた後は，「難しそうだったけど，十分に微分が理解できた！」と膝を打つはずである。

4-1 「微分」とはなにか

厄介な問題をスムーズに解く立役者

たとえば，自動車でA点からB点に向かって移動（走行）していく場合のことを考えてみよう。

自動車が一定の速さで走っている場合，その走行時間 x と走行距離 y との関係は，速さを v とすれば

$$y = f(x) = vx \qquad (2.9)$$

で表され，その一例を図2-21に示した（96ページ参照）。

一般的に，A点での出発時間を x_A，そのときの位置を y_A，B点への到達時間を x_B，その位置を y_B とし，自動車がAB間を等速で走行したとすれば，その速さ v は図4-1に示すように，

$$v = \frac{\text{走行距離}}{\text{走行時間}} = \frac{y_B - y_A}{x_B - x_A} \qquad (4.1)$$

で求まる。

ところが，アクセルを踏んで加速しながら走行する場合や，125ページ図3-3に示した物体の自由落下の場合には，自動車や落下する物体に加速度が加わる。すなわち，

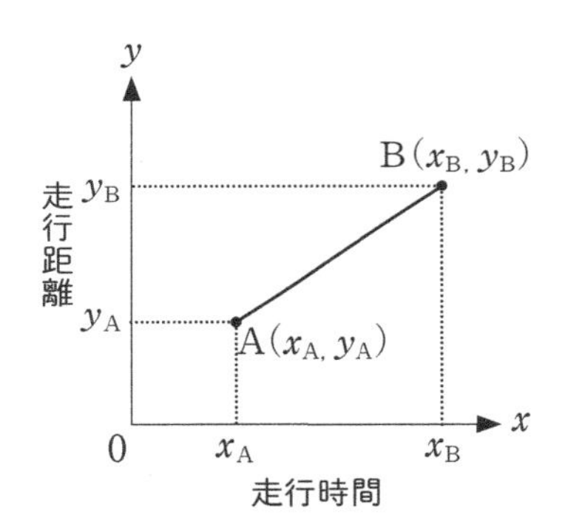

図4−1　等速直線運動における走行時間と走行距離の関係

点	落下時間 t [秒]	落下距離 d [m]	落下の速さ v [m／秒]
	0	0	
A	1	5	5
B	2	20	15
C	3	44	24
D	4	78	34
E	5	123	45
F	6	176	53
	⋮	⋮	

表4−1　物体の落下時間と落下距離、落下の速さ

自動車の走る速さや，物体の落下する速さが徐々に増すので厄介である。124ページ表3−1を表4−1に，図3−3を図4−2に改めてみる。

表4−1から明らかなように，同じ1秒間でも落下距離，つまり，落下の速さが異なっている。また，さらに厄介なことに，表4−1に示される「落下の速さ」は，あく

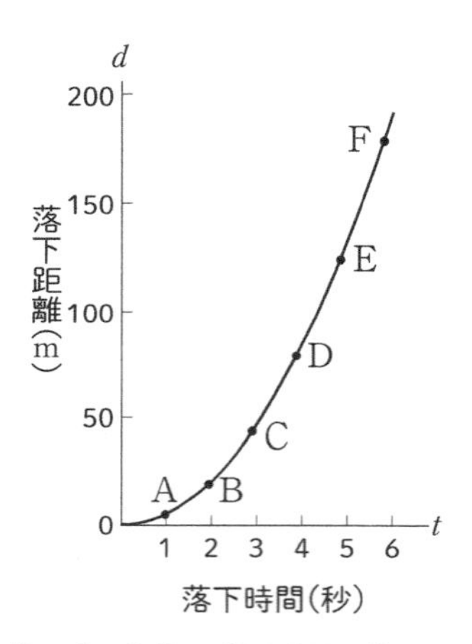

図4−2　落下する物体の落下時間と落下距離の関係

までも，該当する1秒間，たとえばA点を通過してからB点に達するまでの1秒間の平均速さであって，実際にはA点からB点にいたる1秒のあいだに物体は徐々に加速され，速さが時々刻々変わっているのである。

じつは，このような厄介な問題を見事に，簡明に，かつ感動的に解決してくれるのが，微分なのである。いったいどのように解決してくれるのか。どうぞお楽しみに。

傾きと接線——曲線の場合はどう考える?

いま述べた“速さ”とは，「走行距離÷走行時間」であり，走行時間と走行距離の関係を表すグラフの傾きである。

図4-3に示すように，1次関数（直線）

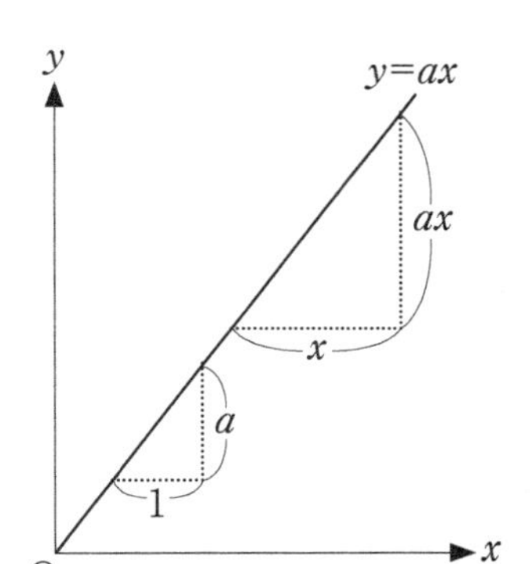

図4−3　直線（1次関数）の傾き

$$y=f(x)=ax \qquad (4.2)$$

の場合は簡単で，

$$傾き=\frac{a}{1}=\frac{ax}{x}=a \qquad (4.3)$$

である。この式を一般的に書けば，

$$傾き=\frac{f(x_2)-f(x_1)}{x_2-x_1}=\frac{a(x_2-x_1)}{x_2-x_1}=a \qquad (4.4)$$

となり，これは，どのような x の区間でも成り立つ。

また，図 4 - 4 に示される $y=a$ や $x=b$ のような特殊な直線（定数関数）の傾きは，それぞれ 0，無限大（∞）ということになる。

ところが，曲線の場合は，その傾きを求めるのが少々厄

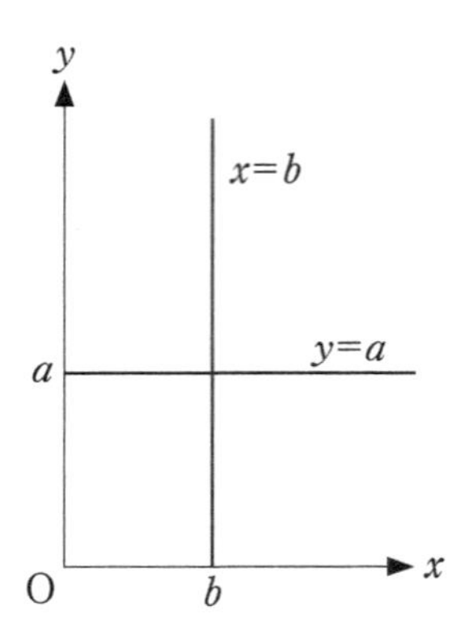

図4−4　特殊な直線の傾き

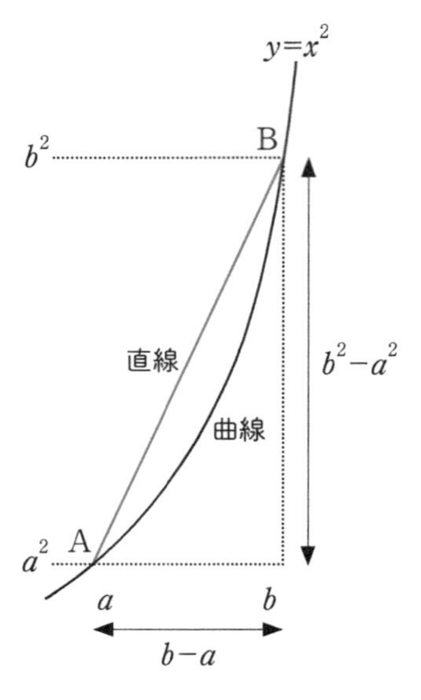

図4−5　曲線(2次関数)の傾き

介である。たとえば，２次関数$y=f(x)=x^2$のグラフについて考えてみよう。102ページ図２-26のグラフの一部を拡大した図４-５で，Ａ点（a，a^2）とＢ点（b，b^2）を結んだ直線の傾きはどのようになるだろうか。

いままでの“傾き”の定義によれば，図４-５に示すように

$$\text{傾き}=\frac{b^2-a^2}{b-a}=\frac{(b+a)(b-a)}{b-a}=b+a \qquad (4.5)$$

となりそうである。しかし，グラフの位置によって，つまり，２点のとり方によって，式（4.5）で示される曲線の傾きは変わってしまう。たとえば，横方向に同じ１進んだ場合でも，$a=0$，$b=1$であれば傾きは１だが，$a=2$，$b=3$であれば傾きは５，$a=3$，$b=4$であれば傾きは７になる。これでは，“曲線の傾き”を一義的に定めることができない。

図４-５は，曲線上の２点のとり方によって傾きが変わってしまうことを示しているが，次に図４-６で１点（●）を固定した場合，もう一方の点（○）のとり方によって曲線の傾き（２点を結ぶ直線の傾き）がどのように変化するかを考えてみよう。

図４-６からわかるように，○を固定点●に近づけるに従って，直線の傾きは徐々に変化して（この場合は徐々に小さくなって）いく。○が●にどんどん近づき，○が●に一致するとき，この直線は「接線」とよばれる。接線の定義は，文字通り「曲線の１点（接点）と接する直線」である。

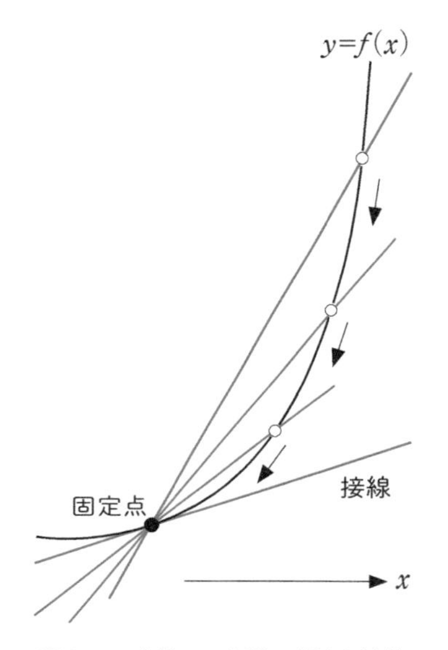

図4−6　曲線の2点間の傾きと接線

つまり，曲線のある点（図４−６の●）の傾きは，その点での接線の傾きと同じと考えてよい。そうすれば，どんな曲線であれ，その曲線のすべての点における傾きを，それぞれ個別に決定することができる。なお，ここでの議論は，曲線が折れ曲がっている点や，切れている端点など，特別な状態にある点については除外している。

「傾き」を知るメリットとは?

その“曲線のある点の傾き”をどのように求めるかについては後述することにして，まずは，“曲線のある点の傾き”を求めることにどのような意味があるのか考えてみよう。

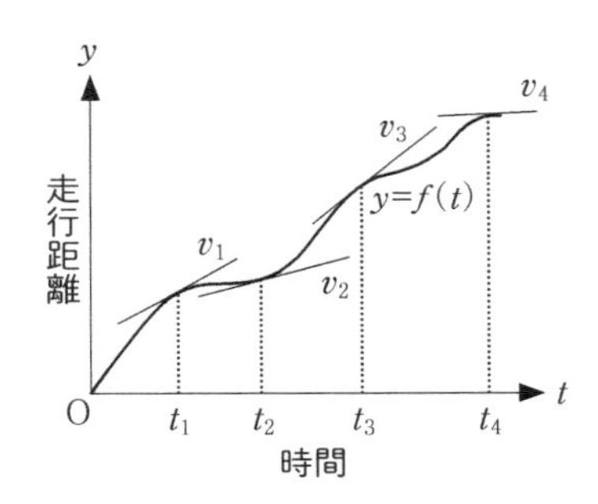

図4–7　曲線の接線の傾き

数学に限らず，どのような学問においても，“意味を考える”ことはきわめて重要である。特に数学においては，“意味”を無視して，むやみに事項を暗記しても面白くないし，そのような暗記に意味があるとも思えない。学校での数学がなぜ面白くなかったのか，思い出してみてほしい。

たとえば，自動車や交通手段による現実的な走行時間と走行距離について考えてみる。現実的には，96ページ図2-21や189ページ図4-1に示されるような単純な直線運動（一定の速さでの走行）になることは，テストコースや果てしなく続く直線道路を走行するような場合を除けばきわめてまれだろう。現実的には，たとえば図4-7のような曲線のグラフになるはずである。

このような場合，時間 t_1，t_2，t_3，t_4，…，t_n という瞬間瞬間の速さ v_1，v_2，v_3，v_4，…，v_n が，それぞれの点における接線の傾きで求められるのである。実際，自動車の“速度計”（物理学的には“速さ計”が正しいが）は，このような“接線の考え方”に基づいて，瞬間瞬間の速さを求め，その値を“速度”として表示している。

また，本章の冒頭で述べたように，経済学や社会学が扱うさまざまな事象の動向（それはほとんどが曲線で表される）の解析にも，このような曲線の傾きが重要な役割を果たしている。そのことは，図４－７の縦軸にさまざまな経済的，社会的事象を，横軸に日，月，年などの時間をあてはめてみれば理解できるだろう。

この“接線の傾き”の考え方，ひいては後述する微分法の考え方は，自然現象か社会現象かを問わず，幅広い分野できわめて重要な役割を果たしているし，私たちの日常生活にも適用可能なのである。

分割の思想――分けてこそ，見えてくる本質がある

「直線は扱いが簡単，曲線は扱いが厄介」ということを述べたが，じつは，どんなに複雑な形をしている曲線でも，その小さな分割要素は直線に近い。

図４－８に示すのは典型的な曲線だが，短線で区切った分割要素を小さくすればするほど，その分割された部分の線はどんどん直線に類似してくることを実感できるはずだ。そして，極限まで分割していけば，曲線は各点において，その接線と見分けがつかなくなる。

さきほど，190ページ図４－２や192ページ図４－５で，式（4.1）を使って速さを求める際に問題となったのは，それらが曲線だったからである。そこで，図４－５のＡ点とＢ点のあいだを，図４－９のように分割して考えてみよう。つまり，本来は曲線なのだが，それを“短い直線の集まり”と考えるのである。

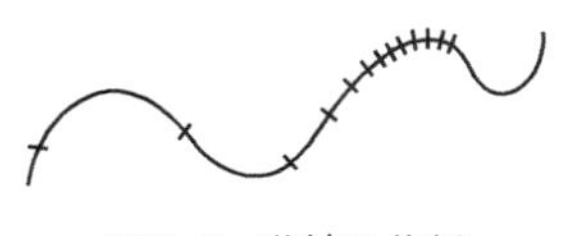

図4−8　曲線の分割

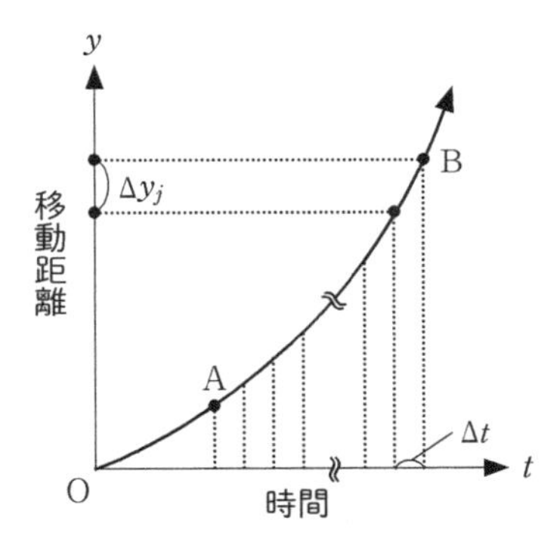

図4−9　曲線運動における時間と移動距離との関係

横軸の時間軸を等時間間隔Δtごとに刻み（Δtを等しくとっても，“短い直線”の長さは位置によってわずかながら異なる），そのΔtごとの移動距離を順番にΔy_j（$j=1$, 2, 3, …）とすれば，各単位時間ごとの移動の速さv_jは，

$$v_j = \frac{\Delta y_j}{\Delta t} \qquad (j=1,\ 2,\ 3,\ \cdots) \qquad (4.6)$$

となり，その区間の速さの精度は図4−5，式（4.1）で与えられる平均速さよりはるかに高くなっていることが理解できるだろう。Δtで区切られた曲線の“分割要素”は，かなり直線に近いからである。

このとき，一つ一つの要素が小さくなるように，分割する点の個数を多くとれば，各分割要素はさらに直線に近くなる。この操作を続けて分割要素が完全な直線になれば，189ページ図4－1と同じになり，完全な精度を持つ速さになるのである。

そして，じつは図4－9に示した“分割の思想”を厳密にしたのが，「微分法」の考え方の基盤にほかならない。“微分”というのは，「微小に分ける」という意味なのである。

「大きさを持たない点」とはなにか

微分法の考え方の基本にあるのは，図4－9，式（4.6）で，「“分割”をどこまで細かくすれば，各点の速さが正確に求まったといえるだろうか」ということである。究極の分割は，“直線”を“点”にすることである。曲線も直線も，究極的には“点の集まり”であると考えれば，両者に違いはなくなる。

ただし，ここでちょっと注意が必要である。紙の上にどれだけ小さな点を描いても，その点は必ず“ある大きさ”を持ってしまう（つまり，どれだけ小さな点であっても，それを拡大して見れば，短い線である）が，上記の「“直線”を“点”にする」場合の“点”は，“大きさ”を持たない架空の概念である。

「“大きさ”を持たない架空の点などどこにあるんだ！」と憤慨されそうだが，じつは，“大きさを持たない架空の点”は，数学においてのみならず，物理学の世界でもしばしば登場する。そしてじつは，特に説明はしなかったものの，本書でもすでに登場している。第3章で，「物体の落下」

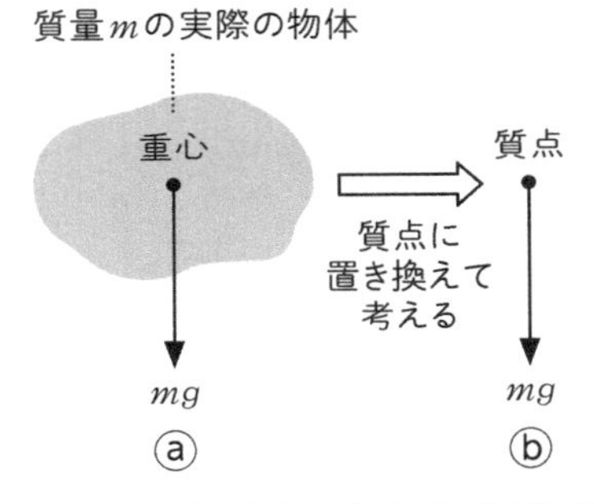

図4−10　大きさのある実際の物体ⓐと質点ⓑ

について考えた箇所である。いうまでもなく，あらゆる物体は“大きさ”を持つが，その“大きさ”を無視して，物体を“質量（m）”に置き換えて話を進めたのである。

すでに述べたように，地球上に存在するすべての物体には，地球の地面（実際は地球の中心）に向かって重力という力がはたらいており，その重力の作用点を「重心」とよぶ。たとえば，質量mの実際の物体にはたらく重力を図示する場合，図4−10ⓐに示すように物体の重心から鉛直下向きに矢印を描く。

しかし，いちいち物体の形を描くのは煩わしいので，図4−10ⓑに示すように物体の大きさを無視して，力の作用点（重心）を大きさがない「質点」として扱う。この“質点”という点も，“大きさを持たない架空の点”である。

数学においても物理学においても“大きさを持たない架空の点”はきわめて有効で，これも数学上，物理学上の傑出した発明の一つといえるだろう。

食わず嫌いはやめよう

グラフ上では，図４－７のように，各点の接線の傾きが各点の正確な速さを示しているのだった。それを数学的に見出そうとする手法が，微分法なのである。

このような微分法の考え方が，“速さ”以外にもさまざまな経済的，社会的現象（たとえば後述する消費電力量の時間的変化など）に適用できることはすでに述べた通りである。また，日常生活においても，一見複雑に思えるような事柄でも，それを分割した要素で考えてみると意外に簡単に解決策が見つかることが少なくない。「分割の思想」は，146ページで述べた「因数分解」と共通する考え方といってもよいだろう。

図４－５，図４－６を数学的に考えてみよう。図４－５の曲線を図４－６にならって，一般的な $y=f(x)$ とする。$b-a=h$ とおくと $b=h+a$ なので，直線ＡＢの傾きは

$$\frac{f(a+h)-f(a)}{(a+h)-a}=\frac{f(a+h)-f(a)}{h} \qquad (4.7)$$

となる。図４－６のように，点Ｂをどんどん点Ａに近づけるということ，すなわち，直線ＡＢを点Ａにおける接線に近づけるということは，式（4.7）における h をどんどん０に近づけることと同じである。

ここで重要なことは，h は限りなく０に近づいていくものの，決して０になってはならないということである。$h=0$ になってしまったら，式（4.7）は

$$\frac{f(a+h)-f(a)}{0}=\frac{0}{0} \qquad (4.8)$$

となり，意味を失う。つまり，“傾き”がなくなってしまう。

そこで，「hを極限まで0に近づけるが，$h=0$にはならない」ということを「$\lim_{h\to0}$」という記号で表すことにする。この“lim”は“limit（限界，極限）”の略で，“リミット”あるいは“リム”と読む。つまり，図4－5，図4－6に示される「点Bをどんどん点Aに近づける（点Bを極限まで点Aに近づける）」ということを数学的に表現すると，次のようになる。

$$\lim_{h\to0}\frac{f(a+h)-f(a)}{h} \qquad (4.9)$$

大学で数学を教えていたとき，数学が苦手な学生に「いつ頃から苦手になったのか」と聞くと，彼らの多くが，この“lim”や，次章の積分で登場する“$\int$（インテグラル）”が出てきた頃と答えていた。つまり，本章の冒頭で述べたように，数学嫌いになったり不得意になったりする大きなきっかけが微分・積分にあるようなのだが，その理由は，微分・積分そのものというよりも，この“lim”や“$\int$”という記号にあったのではないか。どうも，“lim”や“$\int$”の“見た目”がよくないらしいのである。

私たち人間が，なんでも“見た目”で判断しがちなのは仕方ないが，“lim”や“$\int$”にはちょっと気の毒である。私自身，たとえばイグアナのような動物を見るとゾッとしてしまうのだが，イグアナをペットとして付き合っている人にいわせれば，イグアナはとても性格がよく，かわいい生きもののようである。

"lim"や"$\int$"に対し，それらが巧みに，また簡潔に示す数学的意味に感心している私としては，"lim"や"$\int$"を毛嫌いする読者のみなさんには，イグアナの例もあることなので，ぜひ"食わず嫌い"することなく，まずは"lim"や"$\int$"と気軽に付き合ってみていただきたいと思う。結果的に，"lim"や"$\int$"を好きになっていただけるのではないかと，私は期待している。

傾きを求める極限計算は難しくない

さて，式（4.9）によって，ある値が求まるのだが，そのある値を「極限値」とよび，極限値を求める計算を「極限計算」という。図4-6と式（4.9）の意味を考えれば理解できると思うが，このような極限計算によって，任意の点における"傾き"が求められるのである。

いま述べたように，数学嫌いになるきっかけの一つがこの"$\lim_{h \to 0}$"，極限計算にあるようである。極限計算は決して難しいものではないが，"$\lim_{h \to 0}$"という記号自体になんとなく違和感を覚えるのだろうか。以下，その違和感を払拭するために，具体的な関数について極限計算をしてみよう。

たとえば，$y=f(x)=ax$ の傾きが a であることはすでにわかっているが，これを極限計算で求めてみよう。

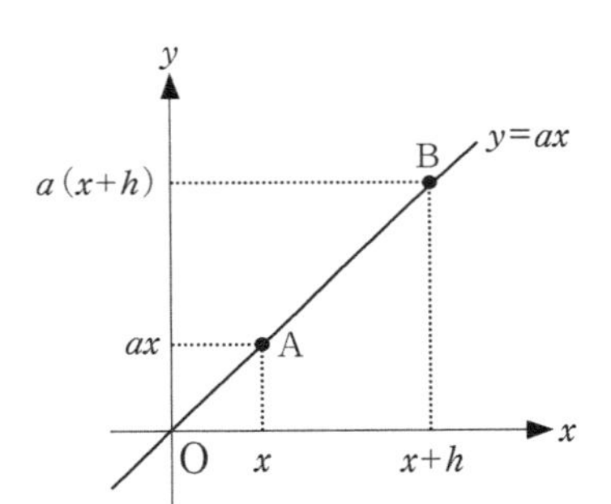

図4−11　直線の傾きを極限計算で求める

図4-11で，$\lim_{h \to 0}$を考える。

$$\lim_{h \to 0} \frac{a(x+h)-ax}{(x+h)-x}$$

$$=\lim_{h \to 0} \frac{ax+ah-ax}{x+h-x}$$

$$=\lim_{h \to 0} \frac{ah}{h}=a \qquad (4.10)$$

同様に，$y=f(x)=x^2$の傾きを極限計算によって求めてみよう。

$$\lim_{h \to 0} \frac{(x+h)^2-x^2}{(x+h)-x}$$

$$=\lim_{h \to 0} \frac{x^2+2hx+h^2-x^2}{(x+h)-x}$$

$$= \lim_{h \to 0} \frac{2hx + h^2}{h}$$

$$= \lim_{h \to 0} (2x + h) = 2x \qquad (4.11)$$

となり，傾きは $2x$ で，$y=x^2$ の接線は $y=2x$ で与えられる。つまり，$y=x^2$ の曲線の傾きは x の値に依存することになるが，このことが193ページで述べた「２点のとり方によって曲線の傾きが変わってしまう」ということなのである。しかし，上記の極限計算の結果として得られる $y=2x$ によって，曲線（$y=x^2$）のどの点の傾きでも求められるわけである。

どうだろうか。

極限計算なんていうとちょっと難しそうだし，“$\lim_{h \to 0}$”という記号もいやらしく思われたかもしれないが，一つ一つ順を追って考えれば，案外簡単で，かつ便利に感じたのではないだろうか。

4-2 「微分する」とはどういうことか——その具体的方法

微分係数と導関数

いよいよ「微分」の本論に入る。

ここまでに考えてきた曲線の傾きを求めることについて，図4-12で整理してみよう。

曲線を幅 h で刻んで，その部分を直線と見なせば傾きが求められる。この幅 h をどんどん小さくすればするほ

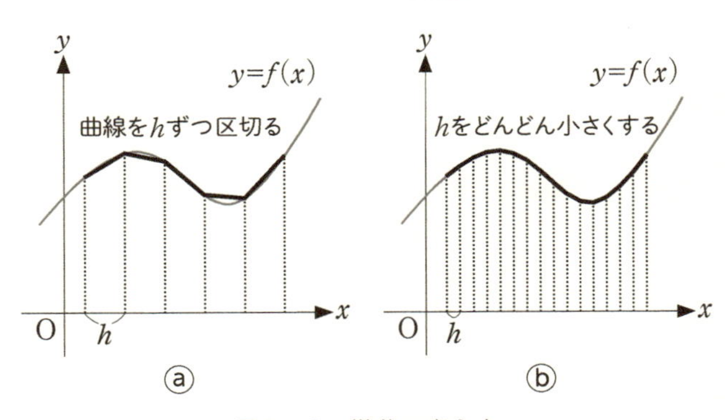

図4−12　微分の考え方

ど，ほんとうの曲線に近い直線となるので，より正確な傾きが得られることになる。この，「hをどんどん極限まで小さくする」というのが，“$\lim_{h \to 0}$”だった。つまり，「$y=f(x)$の各点での正確な傾きを求める」ということは，「$\lim_{h \to 0} \frac{f(x+h)-f(x)}{h}$を求める」ということなのである。

このように「（曲線を）微小に分ける」ということが「微分」の根本的な考え方であり，結局，曲線の傾きを求めることが微分の計算そのものなのである。直線は特殊な曲線であるが，直線とはあらかじめ傾きがわかった曲線ともいえそうである。そして，図4−12ⓑに示すように，x座標のhの幅を極限まで細かく分けることを「xで微分する」という。

関数$y=f(x)$をxで微分するということを，

$$\frac{dy}{dx},\ \text{あるいは}\ \frac{d}{dx}f(x)$$

という記号で表す。$\frac{dy}{dx}$ は「ディーワイ・ディーエックス」と読む。この“d”は“微分（differential）”の頭文字である。そして，$\frac{dy}{dx}$ は，

$$\frac{dy}{dx}=\lim_{\Delta x \to 0}\frac{\Delta y}{\Delta x} \qquad (4.12)$$

と定義される。ここで，Δx は“x の変分”で，Δy はそれに対応する“$y=f(x)$”の変分である。式（4.12）のように，Δx を 0 に近づけたとき，すなわち，$\lim_{\Delta x \to 0}$ としたときの関数 $y=f(x)$ の極限を「微分係数」とよぶ。式（4.12）は，

$$\begin{aligned}\frac{dy}{dx}&=\lim_{\Delta x \to 0}\frac{\Delta y}{\Delta x}\\&=\lim_{h \to 0}\frac{f(x+h)-f(x)}{h}\\&=\lim_{\Delta x \to 0}\frac{f(x+\Delta x)-f(x)}{\Delta x} \qquad (4.13)\end{aligned}$$

でもある。

このように「$y=f(x)$ の微分係数を求めること」が「y を x で微分すること」なのである。つまり，微分とは $y=f(x)$ の微分係数を求めることにほかならず，微分係数を表す関

数のことを「導関数(どうかんすう)」とよび，$y=f(x)$ に対して $f'(x)$ あるいは y' という記号が使われる。そして，導関数を求めることが「微分する」ということでもある。

$f(x)$	$f'(x)$
C（定数）	0
ax	a
x^2	$2x$
$\frac{1}{2}gx^2$	gx
x^3	$3x^2$
x^2+3x-5	$2x+3$
$ax+b$	a

表4−2　関数 $f(x)$ とその導関数 $f'(x)$

元の関数と導関数との関係は?

ここで，いくつかの元の関数 $f(x)$ と，その導関数 $f'(x)$ を表4−2にまとめておく。元の関数 $f(x)$ とその導関数 $f'(x)$ とのあいだにどのような関係が見出されるか，表4−2を眺め，じっくり考えてみていただきたい。元の関数と導関数とのあいだには，図4−13に示すような関係がある。

$y=x^n$ の形の n 次関数のほかに，第2章で述べたさまざまな関数の導関数を求める「公式」が多数あるが，それらについては他の教科書や参考書に譲り，本書では触れないことにする。

微分をどんどん続けていくと…?

一般に，関数 $f(x)$ を次々に微分していくと，図4−14のような関数の列が得られる。これらの $f'(x)$ を1次導関数，$f''(x)$ を2次導関数，$f'''(x)$ を3次導関数とよび，2次以上の導関数は一般に「高次導関数」とよばれる。

たとえば，2次導関数が持つ具体的な意味について，すでに述べた自由落下する物体の落下時間（t）と落下距離（y）との関係（125ページ図3−3参照）を起点に考えて

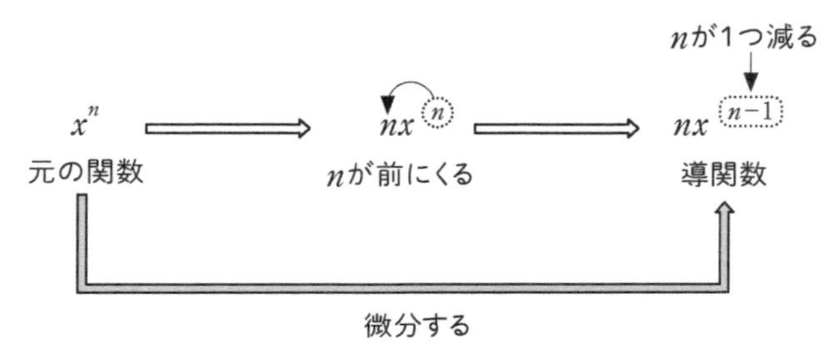

図4−13　元の関数と導関数との関係

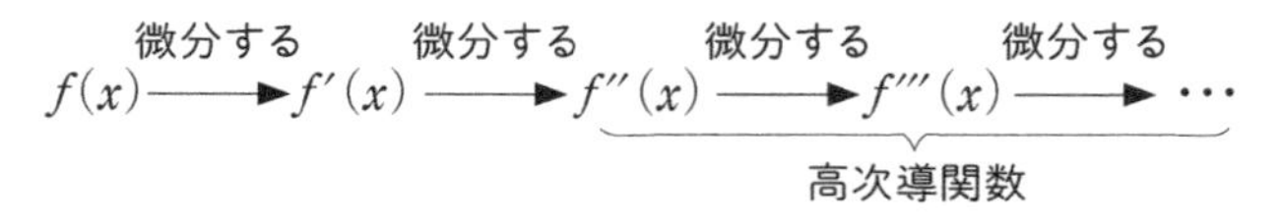

図4−14　微分の繰り返し

みよう。落下時間（t）と落下距離（y）とのあいだには，式（3.7）の d を y に変えて

$$y=f(t)=\frac{1}{2}gt^2 \qquad (4.14)$$

の関係がある。この関係をグラフで表せば，図4-15ⓐのようになる。

すでに述べたように，単位時間あたりの落下距離である速さは，曲線の傾き，より正確には接線の傾きで与えられ，速さを表す式は図4-15ⓑに示すように，式（4.14）を時間 t について微分することで求められる。つまり，

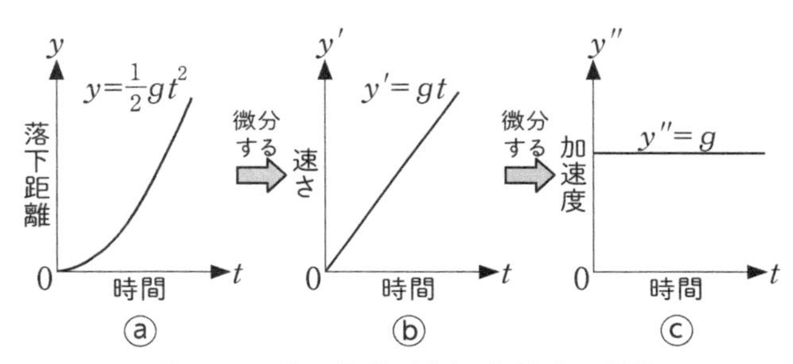

図4−15　落下距離・速さ・加速度の関係

$$y' = \frac{dy}{dt} = gt \qquad (4.15)$$

である。

また，単位時間あたりの速さの変化を意味する加速度は，図4−15ⓒに示すように式（4.15）を時間tについて微分することで求められる。すなわち，

$$y'' = \frac{d}{dt} \cdot \frac{dy}{dt} = \frac{d^2y}{dt^2} = g \qquad (4.16)$$

であり，この定数gが，重力の加速度とよばれるものであった。

4-3 微分を応用する

関数の増減と最大・最小

関数$f(x)$において，xの値が増加するとき，yの値が増加したり減少したりするようすは，図4−16に示すように，そのグラフが右上がりか右下がりかでわかる。

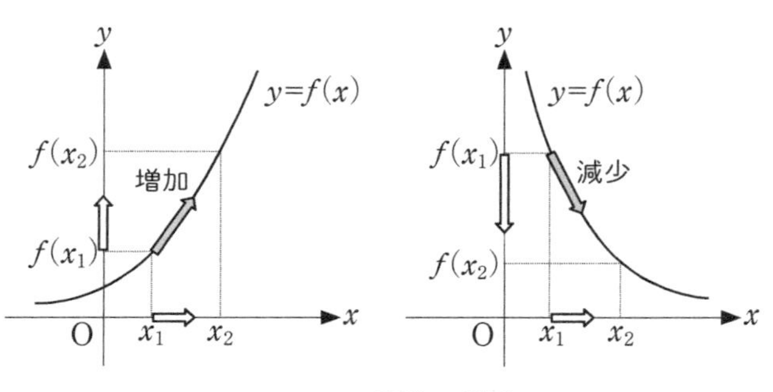

図4−16　関数の増減

ここで，前述の接線（傾き）のことを思い出していただきたい。

関数 $y=f(x)$ の接線の傾きは $f'(x)$ で与えられるのであった。つまり，関数 $y=f(x)$ は，

$f'(x)>0$ となる x 値の範囲で，y の値は増加
$f'(x)<0$ となる x 値の範囲で，y の値は減少

することになる。

97ページ図2-22に示したような1次関数の場合，x の範囲を定めない限り，y はいくらでも大きな，あるいはいくらでも小さな値をとり得る。つまり，この場合，y の最大値も最小値もない。

しかし，102ページ図2-27に示したような2次関数の場合には，最大値あるいは最小値が存在する。この最大値，最小値というものを，微分（導関数，接線）の考えを使って検討してみよう。

図4-17に，$y=f(x)=-x^2$ と $y=f(x)=x^2$，および，それ

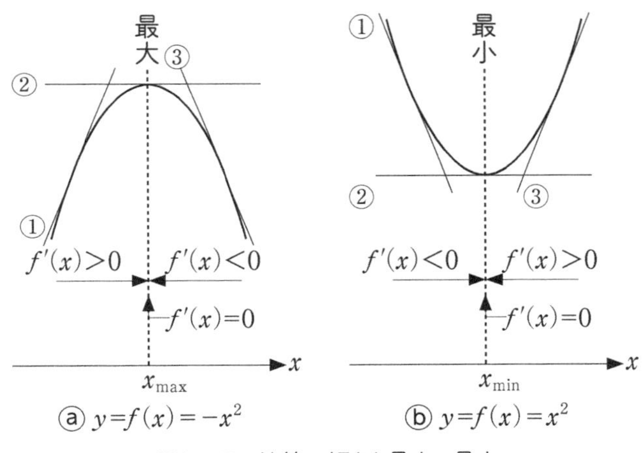

図4−17　接線の傾きと最大・最小

らの接線のいくつかを示す。

$y=-x^2$ のグラフの接線は，x の値が大きくなるに従って①→②→③と変化し，その傾き（y'）は（＋）→（０）→（−）と変化する。一方，$y=x^2$ のグラフでは接線①，②，③の傾き（y'）が，（−）→（０）→（＋）と変化する。

図からも明らかであるが，傾きが０，つまり $y'=f'(x)=0$ のとき，y の値は最大あるいは最小となる。そして，それらの点はそれぞれ，導関数 $f'(x)$ が（＋）から（−）に変わる点（x_{max}），$f'(x)$ が（−）から（＋）に変わる点（x_{min}）である。

２次関数の場合は，図４−17のように，最大値か最小値のいずれか１個を持つだけであるが，図４−18のような関数（３次関数の一例）の場合は，最大に似た“山”と，最小に似た“谷”の両方を持つ。

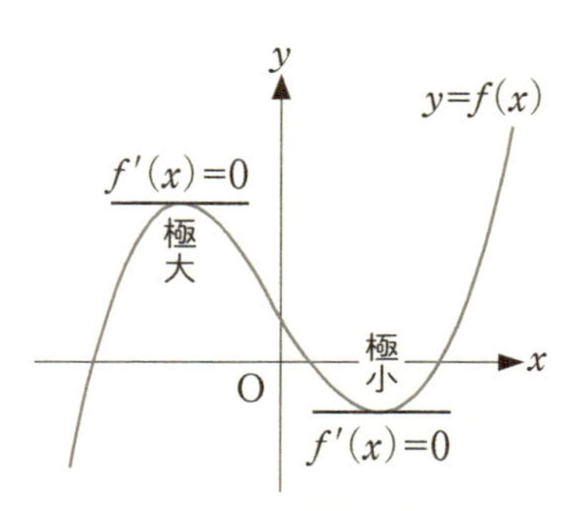

図4−18　3次関数の極大と極小

いま“〜に似た”と書いたのは，それらの“山”や“谷”が必ずしも最大値あるいは最小値を意味しないからである。このような場合，最大（値），最小（値）のかわりに「極大（値）」，「極小（値）」という言葉が使われる。

極大，極小の場合も，それらが$f'(x)=0$となる点であることや，$f'(x)>0$，$f'(x)<0$に関することについても，最大，最小の場合と同じである。

自然現象に限らず，前述のように，経済現象や社会現象を関数化し，その導関数を調べることによって，最大値や最小値，あるいは現象の動向（上向きなのか，下向きなのか）を知ることができる。すなわち，導関数つまり微分は，数学の分野だけにとどまることなく，私たちの日常生活にいたるまで，その応用範囲はきわめて広いのである。

広い土地・狭い土地――微分で得をする方法

ここまで読んでこられた読者は，「微分なんて，なんだか難しそうだったけど，自分にも理解できた」と思われたのではないだろうか。また，無味乾燥な微分の計算問題に辟易（へきえき）していた読者にも，「微分の考え方」や「微分の応用」に興味を持っていただけたのではないかと思う。

最終章となる次章では，学校で習う数学の，もう一つの“スター”である「積分」の話をするが，その前に，ちょっとリラックスしていただきたい。

ロシアの文豪・トルストイ（1828〜1910）が書いた民話風短編の中に，『人はどれだけの土地がいるか』というじつに興味深い話がある。

ある男が大地主の村長と，日の出から日没までに歩いて囲んだだけの土地をもらう約束をした。彼は，日の出と同時に勇ましく出発する。歩くに従ってよい土地がどんどん開けてくるので，彼はどんどん歩く。昼ごろになってやっと直角に曲がる。さらに，彼はどんどん歩く。

気がつくと日が沈みかかっているので，彼は慌てて死に物狂いになって出発点まで走る。その男は，日没までに広大な土地を囲んで出発点まで戻ることができたのだが，息が切れて，そのまま倒れて死んでしまった。その男の遺体は穴を掘って埋められたが，結局，彼に必要だったのは，自分の遺体を埋めるほんの少しの土地だけだった，という話である。

私がいまここで，この民話を思い出したのは，「長さ100mのロープで囲める長方形の土地をもらえることになった。いちばん広い土地をもらうには，どのような形にすればよいか」という問題を思いついたからである。

まず，読者自身で，この問題を考えてみていただきたい。

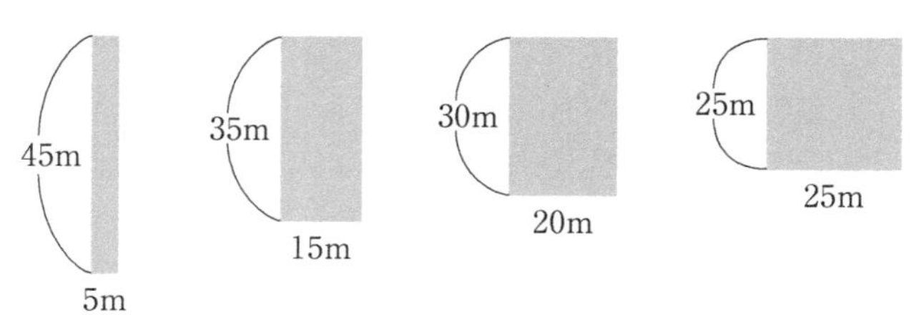

図4−19　周囲100mのさまざまな長方形の土地

周囲が同じ100mの長方形でも，たとえば図4-19に示すようなさまざまな形の長方形がある。縦，横それぞれ何mにしたら，その土地の面積が最も広くなるか，という問題である。すなわち，“最大値”を求める問題であり，なんとなく“微分”の気配が漂ってきたのではないだろうか。

求める土地の横の長さをx［m］とすれば，周囲が100mなのだから縦の長さは$\frac{100-2x}{2}$［m］$=50-x$［m］となる。このとき，長方形の面積yは，xの関数

$$y=f(x)=(50-x)x=50x-x^2 \qquad (4.17)$$

で与えられる。結局，この2次関数の最大値を求めることになる。この2次関数の最大値は，$f'(x)=0$のときに得られるから，

$$f'(x)=50-2x=0 \qquad (4.18)$$

より$x_{max}=25$が得られ，$x_{max}=25$を式（4.17）に代入すれば，最大値$25\times25=625$［m^2］が得られる。つまり，周囲の長さが同じであれば，1辺が25mの正方形が最大面積の形状である。

読者のみなさんに，このような「土地をもらえる話」が舞い込んできたら，ぜひ，ここで勉強した微分を思い出していただきたい。微分の威力を実感し，本書で微分を勉強してよかったなあと思わずニコッとされることだろう。

分けたものを積む「積分」
——「仮想の足し算」で面積と体積を求める法

本書を締めくくるのは，「微分」と並んで，数学界のもう一つの“スター”の座を占める「積分」である。

積分は基本的に，面積や体積を求めるためのきわめて巧妙な数学的手法なのであるが，その応用範囲は，私たちが日常的に思い浮かべる面積や体積をはるかに超えて幅広い。

前章の微分と同様に，ここでは公式の暗記や具体的意味を持たない計算を重視しない。積分の“意味”と“考え方”を，徹底的に理解していただくことを目的とする。

何度も繰り返しているように，微分・積分に限らず，数学の面白さを味わいつつ，数学を学ぶうえで最も大切なことは，その“意味”を論理的に考えることである。そのことが，結果的に，単に「数学」の域を超えて，豊かで，充実した人生を送るうえでの有力な道具を構築する過程となるからである。

この章を読み終えた後は，「積分なんてなんだか難しそうだったけど，自分にも十分に理解できた！」と感じるはずである。

5-1 「積分」とはなにか

取りつくし法とその限界——曲線で囲まれた面積をどう求めるか

まず，平面の面積を求める方法について考えてみよう。

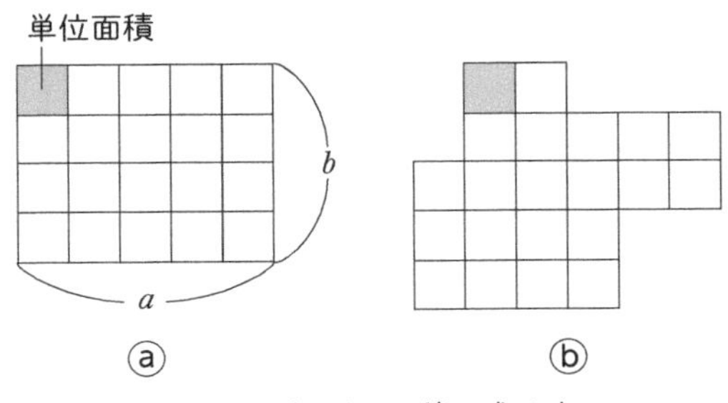

図5−1　矩形の面積の求め方

たとえば，図５−１ⓐやⓑのような矩形（長方形，正方形），あるいは矩形の組み合わせの形の場合は，単純に単位面積を総計することで全体の面積が求まる。■で単位面積を表せば，ⓐの場合は

$$■\times a\times b=ab■$$

で，全体の面積を正確に求めることができる。ⓑのような場合も，

$$■\times 個数$$

で，全体の面積を正確に求めることができる。

ところが，図５−２のような，矩形でない形の場合は，面積を求めるのが少々厄介である。たとえば，図５−１で使った単位面積の正方形□を埋め込んでいっても，埋め込めるのは17個であり，その周囲にすき間（取り残し）ができてしまう。

そこで次に，このすき間に順次，小さな面積の正方形（小さな□）を埋め込んでいき，それらすべての正方形の

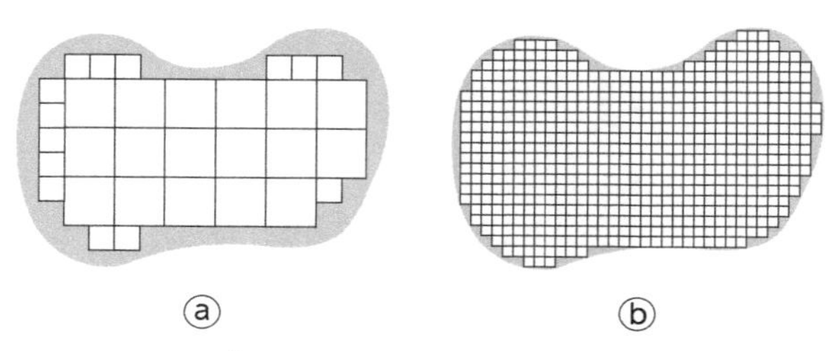

図5−2　非矩形の面積の求め方（取りつくし法）

面積を総計すれば，実際の面積にかなり近づくことができる。このような面積の求め方は「取りつくし法」とよばれ，古代エジプトなどで河原やデルタ地帯の面積を求めるときなどに，実際に使われていた。

いずれにせよ，曲線で囲まれた面積を直線で囲まれた正方形（矩形）を使って正確に求めようとすること自体に無理がある。しかし，図5−2ⓑのように，“単位”とする正方形を小さくすればするほど，すき間（取り残し）が少なくなり，取りつくし法によって求められる面積が真の面積に近づくことは容易に理解できるだろう。

じつは，この「単位とする正方形をできる限り小さくする」ということが，「積分」の基本的な考え方なのである。

微分は「微小に分ける」ということだったが，積分は「微小に分けたものを積み重ねる」，より簡単にいえば「分けたものを積む」ということである。こう聞くと，微分と積分はなんとなく“逆の操作”のような気がしないだろうか。

まさしく，その通りなのである。

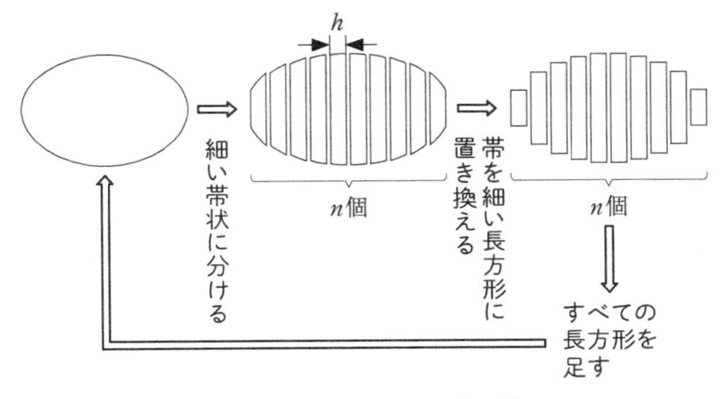

図5−3　積分の考え方（面積）

取りつくし法の数学的扱い ── ふたたび「極限」登場

このような「取りつくし法」をより一般的，数学的に考えてみよう。

図５－３のように，ある平面図形（⬭）を縦方向に幅 h で，平行に n 個の細い帯状に切って，それらを幅 h の細い n 個の長方形に置き換える。そのように分けたすべての長方形の面積を足し合わせれば，実際の図形の面積に近くなる。このとき，幅 h を小さくすればするほど，n 個の長方形の面積の総和が実際の面積に近づくことは，図５－２で述べたことと同じである。

長方形の幅 h を極限まで小さくしたとき，つまり "$\lim_{h \to 0}$" のとき，n 個の長方形の面積の総和が実際の面積に一致すると考えられる。これがまさしく，積分の考え方の真髄なのである。読者は，「あれっ！ $\lim_{h \to 0}$ は前にも出てきたぞ」

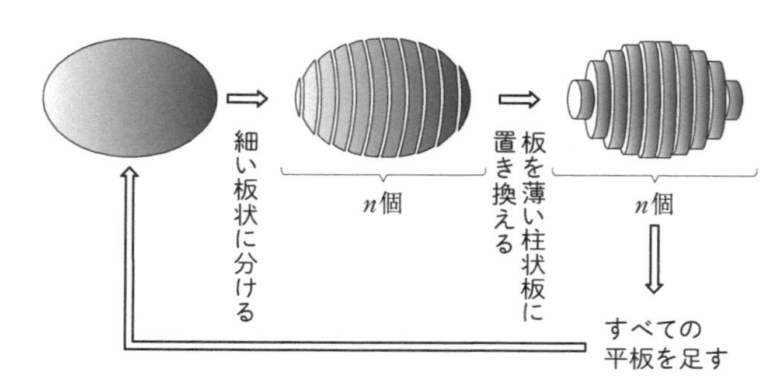

図5−4　積分の考え方（体積）

と思い出すだろう。その通り。微分のときに登場した“極限の概念”である。

そして，図5−3の面積に対する積分の考え方は，図5−4に示すように，立体の体積を求める場合にも，そのまま適用できる。

積分は「仮想の足し算」

いま，図形の面積，あるいは立体の体積を求める場合の“積分の考え方”を述べたのであるが，これから“関数の積分”という数学的な積分の話をする。どこか難しそうな響きのある関数の積分だが，これを知れば，積分の応用範囲を格段に拡げることができる。

すでに微分の食わず嫌いを解消したみなさんには決して難しいものではないので，ぜひ読み進めて，積分の威力を実感，堪能していただきたい。

図5−5に示すように，$y=f(x)$という関数の$x=a\sim b$の範囲のグラフと，x軸によって囲まれた部分の面積を求め

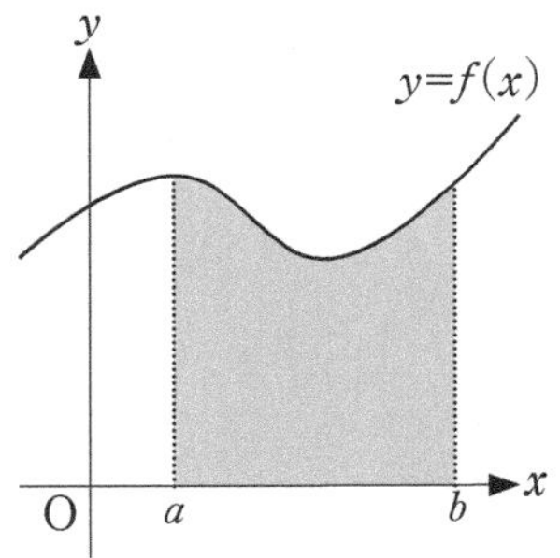

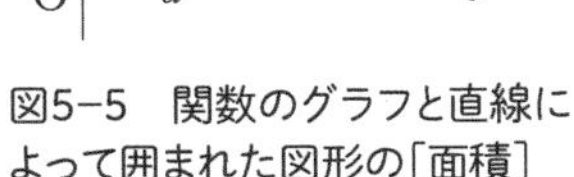
図5−5 関数のグラフと直線によって囲まれた図形の［面積］

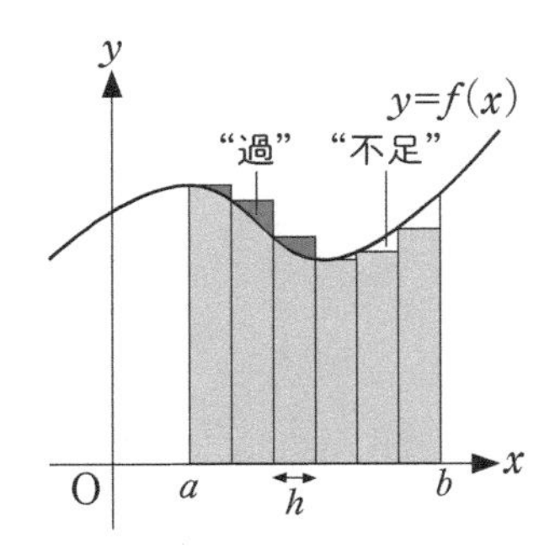

図5−6 関数の積分

ることを考えてみよう。図形や土地の面積，すなわち具体的なものの面積を求めるなら意味がわかるが，このような部分の面積を求めることにどのような意味があるのだ，という疑問が湧くかもしれないが，そのことについてはしばらく待っていただきたい。

ここで颯爽と登場するのが，積分である。考え方は図5-3で述べたことと同じである。

図5-6に示すように，求める面積の部分を幅hの細い帯状に分け，それを同じ幅を持つ長方形に置き換える。その長方形の面積の総和が，求める面積の近似値になる。このような数学的操作を「関数$f(x)$をxで積分する」というが，図5-6の場合はxの範囲を$a \leqq x \leqq b$に限っているので，特に「関数$f(x)$を$x=a$から$x=b$までの範囲で積分する」という。

これも一種の「取りつくし法」であるが，図5-2の場合は実際の面積に対して“取り残し（不足分）”のみが生じるのとは異なり，図５－６の場合は，置き換える長方形の選び方によって“過”と“不足”の両方が生じる。このような“過不足”の問題をより小さくするためには，“積分の考え方”の根本にあるように，幅hをより小さくすればよい。

つまり，“$\lim_{h\to 0}$”の極限を考えればよい。

幅hをより小さくすると同時に，さらに，細い長方形のつくり方も工夫してみよう。

図５－７は，図５－６の$y=f(x)$のグラフの一部を拡大したものである。一般に，$y=f(x)$のグラフは曲線であるが，その微小な部分はほとんど直線と見なすことができる。これも，微分を通してすでに確認したことである。そしてもちろん，グラフがほんとうの直線であれば話は簡単で，わざわざ積分に登場してもらう必要はない。

細い長方形の幅hの中心を“x”とし，$x+\Delta x$，$x-\Delta x$を幅hの両端とする。つまり，

$$h=(x+\Delta x)-(x-\Delta x)=2\Delta x \qquad (5.1)$$

である。

このような長方形をつくると，図５－７に示すように，実際の面積と比べて長方形の面積の“過”分と“不足”分がほとんど等しくなる。細い長方形の幅は$2\Delta x$，高さは$f(x)$だから，

$$実際の面積 \approx 長方形の面積 = 2\Delta x \times f(x) \qquad (5.2)$$

となる。

このとき，$\Delta x \to 0$，つまり $\lim_{\Delta x \to 0}$ とすれば，

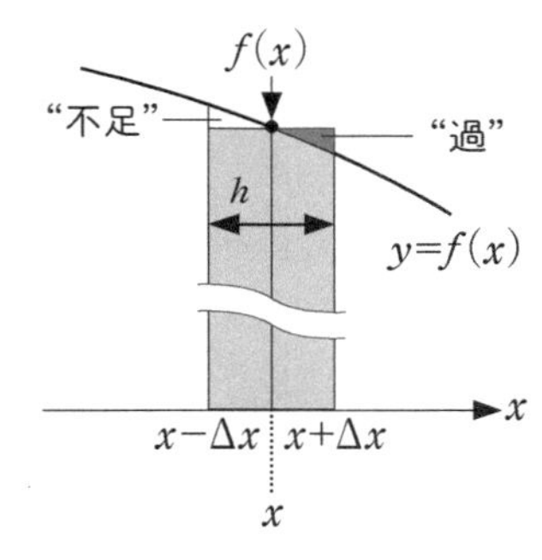

図5−7　“過不足”の解消

実際の面積

$$= \lim_{\Delta x \to 0} 2\Delta x \times f(x) \qquad (5.3)$$

といってもよいだろう。したがって，式（5.3）で得られる小さい面積を $x=a$ から $x=b$ までについて和をとれば，全体の面積が得られることになる。

このような考えのもとに，「関数 $f(x)$ を $x=a$ から $x=b$ までの範囲で積分する」（図5−6参照）ということを，

$$\int_a^b f(x)\,dx \qquad (5.4)$$

という記号で表す。前章で少し登場したが，“$\int$（インテグラル）”は積分記号で，“dx”は“$\Delta x \to 0$”，つまり Δx を極限まで小さくするという意味である。a を積分の「下端」，b を積分の「上端」という。ちなみに，“$\int$”という記号は，“sum（和）”の頭文字の“s”を縦に伸ばしたものである。

積分は本来，“面積”の足し算である。面積を求めたい場所を無限に細かく分けて，その分けられた無限個の微小部分を足し合わせるという“仮想の足し算”を行っているのである。

5-2 「積分する」とはどういうことか
──その具体的方法

簡単な面積をあえて積分で計算してみよう──習うより慣れよ

積分の考え方については，前節の説明ですでに十分に理解していただけたことと思う。

本節では，具体的な関数の積分計算をちょっとやってみよう。

まず，たとえば図5-8の $y=f(x)=10$ のような，x の値に関係なく一定値をとる「定数関数」の積分計算である。すなわち，図中のアミカケ部分の面積を求める計算である。

この場合はもちろん，積分などという大げさなものを持ち出すまでもなく，面積は $10(b-a)$ と簡単に求まってしまうが，積分の手法に慣れるために，あえて積分計算で求めようというのである。

式（5.4）にならえば，

$$\int_a^b f(x)\,dx=\int_a^b 10dx \qquad (5.5)$$

と書けるが，この式の意味を図5-8で考えてみよう。

一般的な，縦が10，横が x の長方形の面積は $10x$ となるが，図5-8のアミカケ部分の面積は，

「$[10\times b]$ の長方形の面積」−「$[10\times a]$ の長方形の面積」 (5.6)

と考えることができる。このことを記号 $[10x]_a^b$ で表すことにする。つまり，

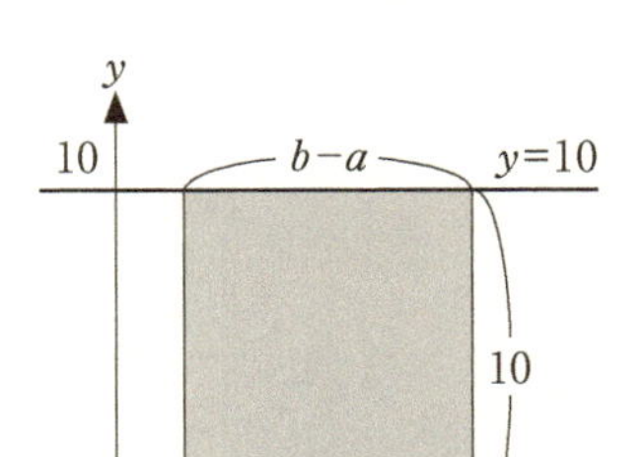

図5−8 y=10（定数関数）の積分

$$[10x]_a^b = 10b - 10a \qquad (5.7)$$

である。結局，式（5.5），式（5.7）から

$$\int_a^b 10dx = [10x]_a^b = 10b - 10a = 10(b-a) \qquad (5.8)$$

となる。これは，図5−8のアミカケ部分の面積を積分計算なるもので大げさに求めた結果であるが，最初に簡単に求めた結果と一致しているのがわかるだろう。もちろん，一致するのが当然なのであるが。

次に，図5−9の $y=f(x)=x$ のアミカケ部分の面積 S を求めてみよう。もちろん，この面積は「台形の面積の公式」を用いればすぐに求められるが，ここでもあえて，積分計算で求めてみる。S は，式（5.5）にならえば，

$$S = \int_a^b f(x)\,dx = \int_a^b xdx \qquad (5.9)$$

である。

求めようとするアミカケ部分の面積は，△OBbの面積

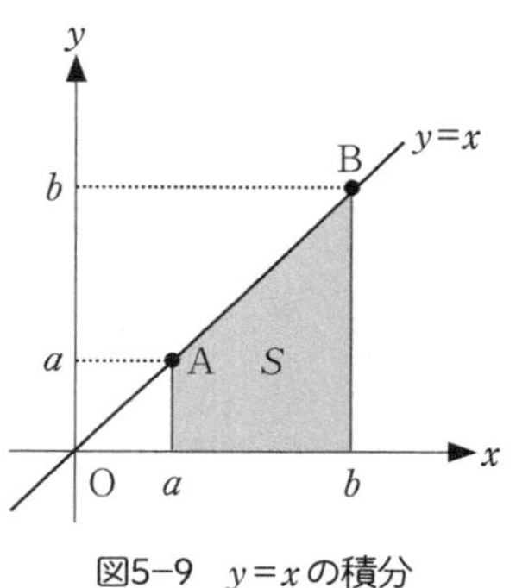

図5−9　$y=x$の積分

から△OAaの面積を引いたものである。いずれも直角二等辺三角形で$y=x$だから，一般的な三角形の面積は$\frac{1}{2}x \times x=\frac{1}{2}x^2$で表される。図5−8の場合と同様に，「△OBbの面積から△OAaの面積を引いたもの」を

$$\left[\frac{1}{2}x^2\right]_a^b=\frac{1}{2}b^2-\frac{1}{2}a^2 \qquad (5.10)$$

で表すと，

$$S=\int_a^b xdx=\left[\frac{1}{2}x^2\right]_a^b=\frac{1}{2}b^2-\frac{1}{2}a^2=\frac{1}{2}(b^2-a^2) \qquad (5.11)$$

が求まる。

上記2つの例から，

$$\int_a^b f(x)dx=[F(x)]_a^b=F(b)-F(a) \qquad (5.12)$$

という積分計算の一般式が得られる。

積分と微分の関係は?

ところで，式（5. 12）の $f(x)$ と $F(x)$ とのあいだに，なんらかの“関係”を見出せないだろうか。

$$f(x) \Leftrightarrow F(x)$$

$$\text{定数} \Leftrightarrow x$$

$$x \Leftrightarrow \frac{1}{2}x^2$$

という関係である。

なんとなく「微分の公式」が思い浮かんできただろう。そう，$f(x)$ は，$F(x)$ を微分した形になっている！　式（5. 12）においては，

$$F'(x) = f(x) \qquad (5.13)$$

という関係がある。

すなわち，関数 $F(x)$ は「微分すると $f(x)$ になる関数」で，このような $F(x)$ を $f(x)$ の「原始関数」とよぶ。

208 ページ図 4-13 に示したように，一般に x^n を微分して得られる導関数は nx^{n-1} だから，逆に x^n の原始関数は

$$\frac{1}{n+1}x^{n+1} \qquad (5.14)$$

となる。つまり，

$$\left(\frac{1}{n+1}x^{n+1}\right)' = x^n \qquad (5.15)$$

である。

式（5.12），式（5.15）から

$$\int_a^b x^n dx = \left[\frac{1}{n+1}x^{n+1}\right]_a^b \qquad (5.16)$$

という積分計算における公式が得られる。

定積分と不定積分──応用範囲を広げるための「不定」積分

ここまでに述べた積分はいずれも，「x が a から b まで」というように x の範囲，つまり積分の範囲が定まった積分だった。このような積分を「定積分」とよぶ。定積分では，式（5.16）に示されるように，a と b にそれぞれ具体的な数値があてはめられるので，計算結果は具体的な数値になる。

わざわざ"定積分"というくらいだから，範囲を定めない積分，つまり不定の積分があるのか，という疑問が湧くだろう。ご明察，実際にあるのである。このような積分を「不定積分」とよび，記号では

$$\int f(x)\,dx \qquad (5.17)$$

と書く。お気づきだろうか，定積分のときにあった"$\int_a^b$"の"a"と"b"がなくなっている。積分の範囲を定めないからである。

結局，不定積分の計算は，原始関数を求めるだけなのであるが，若干の問題が残る。

たとえば，$f(x)=2x$ の原始関数は $F(x)=x^2$ だが，$F(x)=x^2+1$ や $F(x)=x^2+100$ をはじめとして，一般に $F(x)=$

x^2+C（Cは定数）という形の関数はいずれも，微分すればすべて同じ$f(x)=2x$になってしまうので，$f(x)=2x$の原始関数は無数に存在することになる。したがって，$\int 2xdx$の答えは無数に存在し，定まることがない。まさに，不定積分である。

しかし，異なるのは定数の部分だけなので，一般に

$$\int f(x)\,dx=F(x)+C \qquad (5.18)$$

と書くことができる。この“C”を「積分定数」とよぶ。式(5.16)にならって，不定積分の一般式を書くと

$$\int x^n dx=\frac{1}{n+1}x^{n+1}+C \qquad (5.19)$$

となる。

積分は本来，面積を求める道具だったはずである。そうだとすれば，このような不定積分にどのような意味があるのか，という疑問が生じるだろう。

しかし，積分した結果をさらに別の方法で分析したい場合や，原始関数の性質を知りたいというような場合には，具体的な数値になってしまった定積分より，関数として表される不定積分のほうが有意義なのである。特に，具体的な数値を求めることに主眼が置かれる数学に対し，普遍的な自然現象を数式で表すことを求める物理学においてはそうである。

たとえば，209ページ図4-15で，落下距離$\left(y=\frac{1}{2}gt^2\right)$を微分すれば速さ（$y'=gt$）が得られることを

示したが，逆に，速さ（$y'=gt$）を積分すれば落下距離$\left(y=\frac{1}{2}gt^2\right)$が得られる。このとき，速さ（$y'=gt$）を定積分すれば，特定の時間 t における落下距離が具体的な数値として求められるわけであるが，不定積分で得られる解は

$$\int gt\,dt=\frac{1}{2}gt^2+C \qquad (5.20)$$

という一般解になる。すなわち，「落下」という物理現象を表す普遍的な式が得られるのである。式（5.20）に含まれる積分定数 C が，問題とする時間 t までに落下していた距離を表すことになる。

一般的に，何事も何かに特定しないほうが，広い応用範囲を得られるものである。不定積分もまた，その一例なのである。

5-3 積分を応用する

“面積”の意味を再考する――積分の応用範囲はこんなに広い！

何度も繰り返しているように，積分は基本的に，“極限の概念”を使って「面積」を求める手法である。しかし，積分によって求められる「面積」は，単なる面積以上の深い意味を持っている。

たとえば，「速さ×走行時間＝走行距離」だから，図5-10ⓐのように，速さと走行時間の関係を表す関数（変数は時間）を積分して得られる「面積」は，走行距離を表すことになる。もちろん，189ページ図4-1で説明したよ

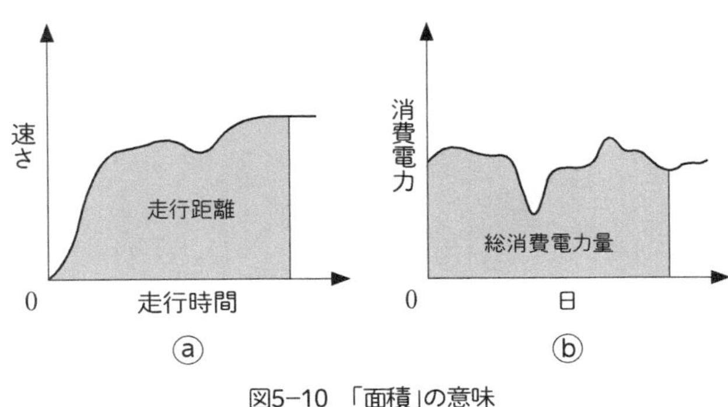

図5-10 「面積」の意味

うに，走行時間と走行距離が直線関係にある場合，つまり，等速運動の場合は積分など持ち出すまでもなく，簡単な掛け算で走行距離が求まるが，積分の偉大な利点は，速さがいかに不規則な場合でも，それが時間の関数として与えられるならば，走行距離を求められることである。

また，図5-10ⓑに示すように，たとえば，消費電力と日（あるいは月など一般的な時間）との関係を表す関数を積分して得られる「面積」は，総消費電力量を表すことになる。

一般に「面積」というと，私たちは土地や図形の面積，つまり“広さ”のことを考えてしまうが，積分という数学的手法を用いて得られる「面積」は，さまざまな分野でさまざまな意味を示してくれるのである。

90ページ図2-19に「“好き度”の時間的変化」のグラフを示したが，これを図5-11のように描き改めてみよう。A，B，Cの“好き度”を時間tの関数として，それぞれを$f_A(t)$，$f_B(t)$，$f_C(t)$とすれば，$\int_{t_1}^{t_2} f_A(t)\,dt$，$\int_{t_1}^{t_2} f_B(t)$

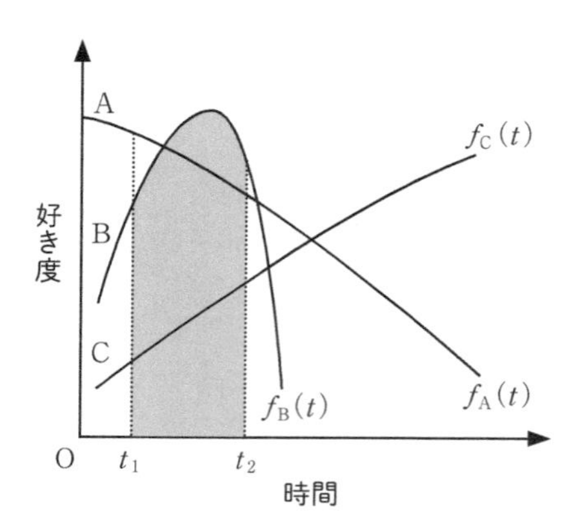

図5−11　“好き度”の積分

dt，$\int_{t_1}^{t_2} f_C(t)\,dt$ で求められる「面積」はいずれも，ある期間（$t_1 \rightarrow t_2$）における「好き量」を表すことになる。

図中，一例としてBの「好き量」をアミカケ部分で示している。このような「好き量」を生涯にわたって定量的に比較することによって，A，B，C（あるいは図2-19のD）のうち，どれが最も幸せなのかを数学的に考えることが可能かもしれない。

「グラフで囲まれた面積」を求める

積分の“原点”は，なんといっても「面積」である。

221ページ図5-5に示した関数 $y=f(x)$ のグラフと，2直線 $x=a$，$x=b$ および x 軸で囲まれた部分の面積 S を求める式が

$$S=\int_a^b f(x)\,dx=[F(x)]_a^b=F(b)-F(a) \qquad (5.12)$$

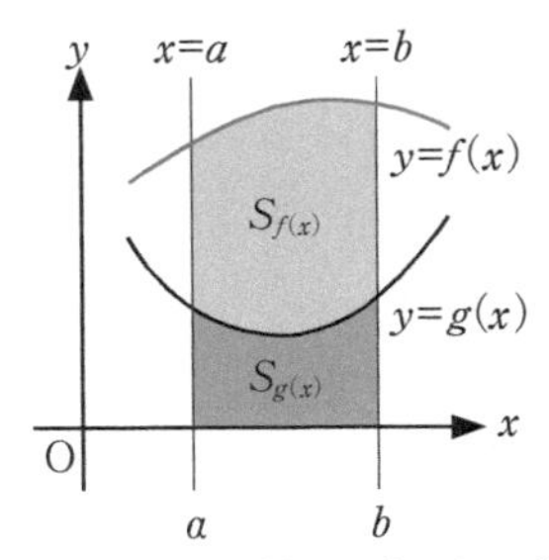

図5−12　2つの関数に囲まれた面積(1)

だった。

次に，図5−12のように，2つの関数 $y=f(x)$，$y=g(x)$ のグラフと，2直線 $x=a$，$x=b$ で囲まれたアミカケ部分の面積 S を求めてみよう。ただし，$f(x) \geqq g(x) \geqq 0$ とする。

図から明らかなように，求める面積 S は，$y=f(x)$，2直線 $x=a$，$x=b$ および x 軸で囲まれた部分の面積 $S_{f(x)}$ から $y=g(x)$，2直線 $x=a$，$x=b$ および x 軸で囲まれた部分の面積 $S_{g(x)}$ を引いたものに等しい。つまり，

$$\begin{aligned} S &= S_{f(x)} - S_{g(x)} \\ &= \int_a^b f(x)\,dx - \int_a^b g(x)\,dx \\ &= \int_a^b \{f(x) - g(x)\}\,dx \qquad (5.21) \end{aligned}$$

で与えられる。

図5−12では，$f(x) \geqq g(x) \geqq 0$ の場合を考えたが，図5−13ⓐのように，必ずしも $f(x) \geqq g(x) \geqq 0$ が満たされない場合でも考え方は同じである。また，図5−13ⓑに示すように，$f(x)$，$g(x)$ をそれぞれ y 軸方向に y_1 だけ平行移動しても，求める面積 S の値は変わらない。つまり，

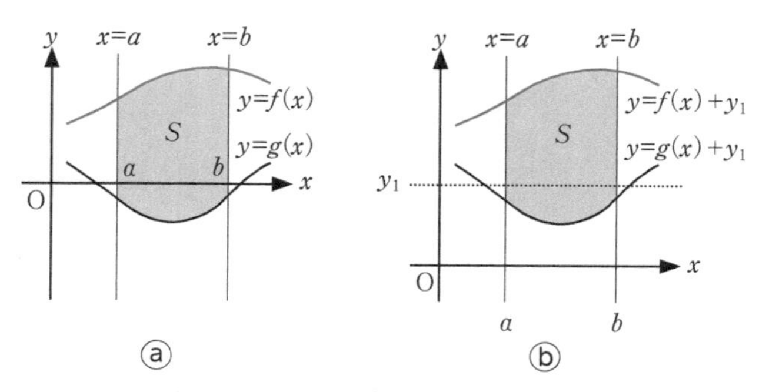

図5−13　2つの関数に囲まれた面積(2)

$$
\begin{aligned}
S &= S_{f(x)} - S_{g(x)} \\
&= \int_a^b \{f(x)+y_1\}\,dx - \int_a^b \{g(x)+y_1\}\,dx \\
&= \int_a^b \{f(x)+y_1-g(x)-y_1\}\,dx \\
&= \int_a^b \{f(x)-g(x)\}\,dx \qquad (5.22)
\end{aligned}
$$

である。

ところで，232ページ式（5.12）は，式（5.21）で $g(x)=0$ の場合の式であった。

積分で体積を求める

いま，積分を使って面積を求めたが，こんどは体積を求めてみよう。具体例として，図5-14に示す底面積 S，高さ H の角柱の体積 V を考える。もちろん，このような立体の体積は，

$$
底面積(S)\times高さ(H)=体積(V) \qquad (5.23)
$$

で簡単に求まるが，これを「“面”を積分すると“体積”にな

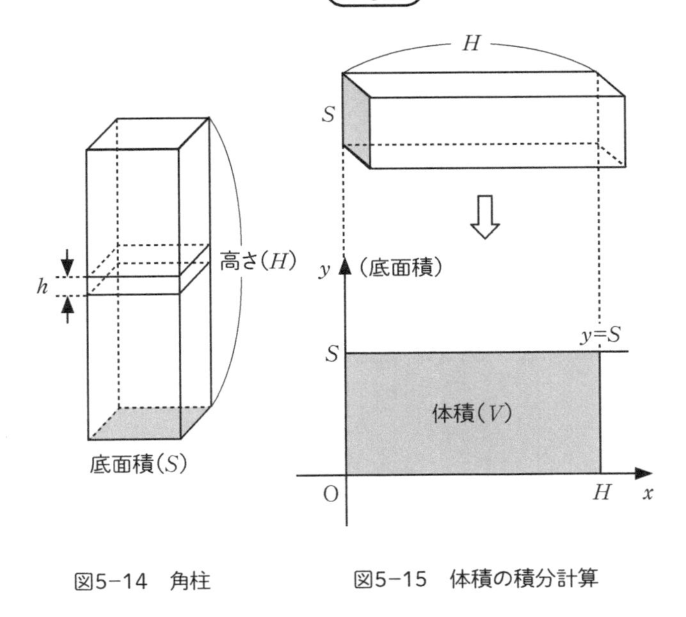

図5−14　角柱

図5−15　体積の積分計算

る」という積分の考え方を使って求めてみようというのである。

図5-14の角柱は，底面積がSで，厚さがhの薄い板が重なり合ったものと考えることができる。この薄い板の厚さhを極限まで薄くすれば，すなわち，$\lim_{h \to 0}$とすれば，面積Sの面になる。この面が関数として与えられれば，その“面”を高さについて0からHまでの範囲で積分すれば体積Vが求まる。

この体積Vを積分計算で求めるために，図5-15のように角柱を横に倒し，底面積をy軸，高さをx軸で表す。この場合，底面積は$y=S$の定数関数である。ここで，図5-14，式（5.8）に示した定数関数の積分計算を思い出していただきたい。これとまったく同じ考え方を適用すれば，角柱の体積Vは，

$$V=\int_0^H Sdx=[Sx]_0^H=SH-0=SH \qquad (5.24)$$

のように求まる。この結果が，式（5.23）と同じになっていることに感動していただきたい。角柱は単純な形状ではあるが，積分を使って，その体積が見事に求まったのである。

もう一度，繰り返す。「“面”を積分すると“体積”になる」のである。

「断面が変わる立体」の体積を求める

底面積（あるいは断面積）が一定の立体の場合は，もちろん積分など必要なく，簡単に体積が求まる。積分の威力が発揮されるのは，図5-16に示すような，面積（y）がxの関数$f(x)$で表されるような場合の体積を求めるときである。このような場合にも，式（5.24）を一般化して，

$$\int_a^b f(x)dx=V \qquad (5.25)$$

で体積を求めることができる。つまり，どのような形状の立体であっても，その底面積（断面積）yを表す関数が得られれば，式（5.25）から，その立体の体積を積分計算によって求めることができるのである。

たとえば，円錐の体積について考えてみよう。

図5-17に示すように，円錐は底面が円で，先端が尖っ

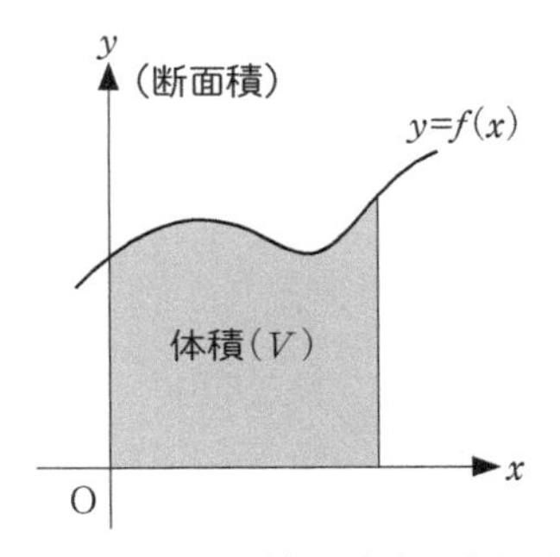

図5−16　関数$y=f(x)$の積分で求まる体積

たソフトクリームのコーンのような形状をした立体である。角柱や円柱の場合は高さに関係なく，その高さ方向に垂直な切り口の面積（断面積）は一定だが，円錐の場合は切り口の位置（高さ）によって半径が一定の比率で変わっていくので，断面積もそれに応じて変化する。円錐の体積Vは，底面の半径をr，高さHをとすれば，

$$V=\frac{1}{3}\pi r^2 H \qquad (5.26)$$

の公式で求められることを中学校で習うが，以下，この体積を積分計算で求めてみよう。

図 5 -18 に示されるように，円錐の半径rは高さに応じて一定の比率で変化するので，このことをあらためて，高さをx，半径$r=y=ax$として，両者の関係を図 5 -19 に示す。このとき，高さxにおける切り口の面積を$S(x)$とすれば，

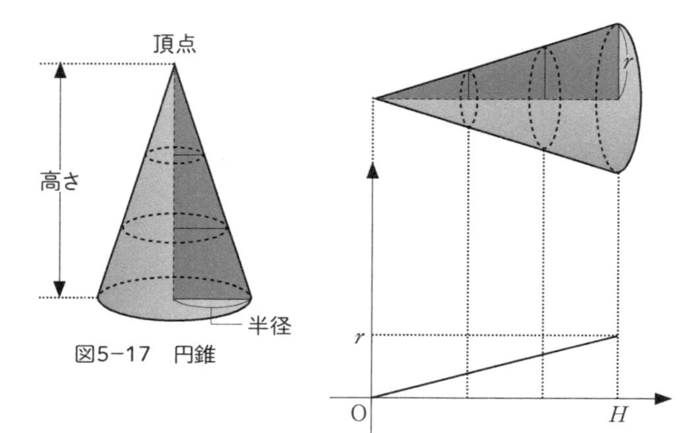

図5−17　円錐

図5−18　円錐の高さと底面の半径

$$S(x)=\pi r^2=\pi(ax)^2=\pi a^2x^2 \qquad (5.27)$$

となり，$S(x)$はxの関数として与えられる。式（5.27）で表されるxと$S(x)$との関係をグラフで表せば，図5-20のようになる。

式（5.25）によれば，

$$\int_0^x S(x)\,dx=\int_0^x \pi a^2x^2dx \qquad (5.28)$$

で求まる図5-20のアミカケ部分の“面積”が，図5-18の関係を持つ高さxの円錐の体積Vを表すことになる。式（5.28）を計算してみよう。

$$V=\int_0^x \pi a^2x^2dx$$

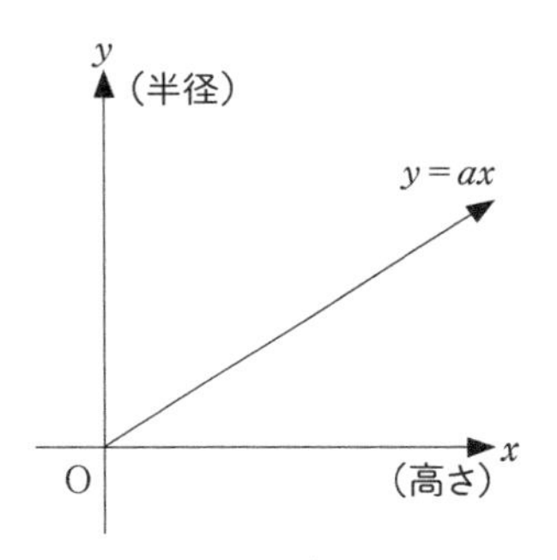

図5−19　円錐の高さと半径との関係

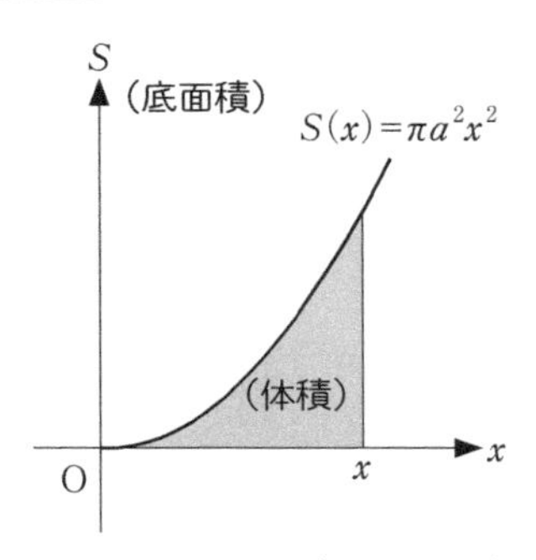

図5−20　円錐の高さと底面積との関係

$$= \pi a^2 \left[\frac{1}{3} x^3 \right]_0^x$$

$$= \frac{1}{3} \pi a^2 x^3$$

$$= \frac{1}{3} \pi \, (a^2 x^2) x$$

$$= \frac{1}{3} \pi r^2 x \qquad (5.29)$$

となり，中学校で習った公式（5.26）と一致することがわかる。もう50年以上前になるが，私は高校で積分を初めて習い，積分計算で得た円錐の体積が中学校で習った公式とピタリと一致することを知ったときの感動がいまでも忘れられない。

「積分って，すごいなあ」と心底から感心したのである。

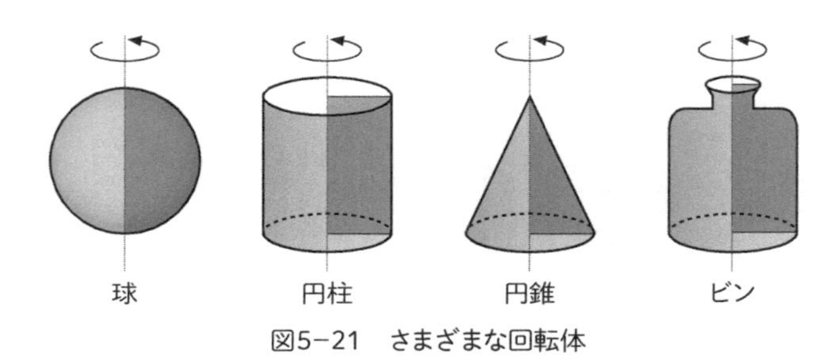

図5−21　さまざまな回転体

「回転する立体」の体積を求める

１つの直線を軸として，平面を回転して得られる立体を「回転体」とよぶ。身のまわりにある物体をあらためて眺めてみると，意外に回転体が多いことに気づくだろう。

図５-21 に示すように，ボール（球），茶筒（円柱，円筒），前項で述べた円錐，ビンなどがそうである。さまざまな回転体は，それぞれの元になっている図形を半分に分ける軸を中心に回転すれば得られるのが特徴である。

以下，このような回転体の体積を積分法で求めることを考えてみよう。

まず，回転体の代表としての「球」である。球の体積についても，円錐の体積と同様に，私たちは中学校で習った公式を知っている。半径 r の球の体積 V は，

$$V=\frac{4}{3}\pi r^3 \qquad (5.30)$$

である。この公式を，積分法で確認しようとするのである。

半径 r の円を表す方程式は，73 ページに示したように

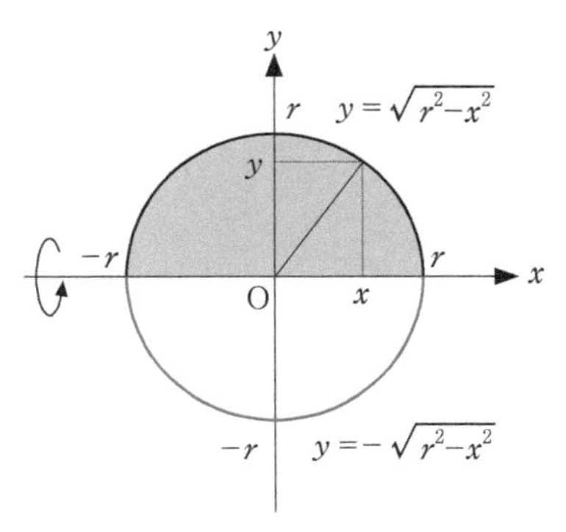

図5−22　半円の方程式とその回転

$$x^2+y^2=r^2 \qquad (2.5)$$

だから，

$$y=\pm\sqrt{r^2-x^2} \qquad (5.31)$$

が得られる。回転体を考えるここでは，上記のように半円を考えればよいから，図 5 −22 に示すように，x 軸の上側にある半円を表す関数として，

$$y=\sqrt{r^2-x^2} \qquad (5.32)$$

を選ぶ。x 軸を中心軸にしてこの半円を回転すれば，球が得られる。このとき，図 5 −23 に示す x における断面積を $S(x)$ で表せば，

$$S(x)=\pi y^2=\pi(r^2-x^2) \qquad (5.33)$$

となる。したがって，球の体積 V は式（5. 25）より

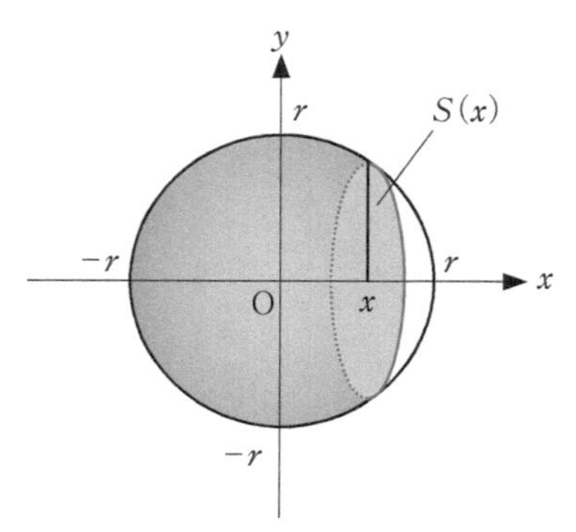

図5−23　回転体・球の断面積

$$
\begin{aligned}
V &= \int_{-r}^{r} S(x)\,dx \\
&= \int_{-r}^{r} \pi\,(r^2 - x^2)\,dx \\
&= \pi \left[r^2 x - \frac{1}{3}x^3 \right]_{-r}^{r} \\
&= \pi \left\{ \left(r^3 - \frac{1}{3}r^3 \right) - \left(-r^3 + \frac{1}{3}r^3 \right) \right\} \\
&= \frac{4}{3}\pi r^3 \qquad (5.34)
\end{aligned}
$$

となり，式（5.30）と感動的に一致する。いかがだろう。積分の威力を実感できるのではないだろうか。

「もっと複雑な回転体」の体積を求める

続いて，平面上で関数として与えられているグラフを回転したときに得られる回転体の体積を考えよう。

たとえば，図5-24に示すような曲線$y=\sqrt{2-x}$と，x

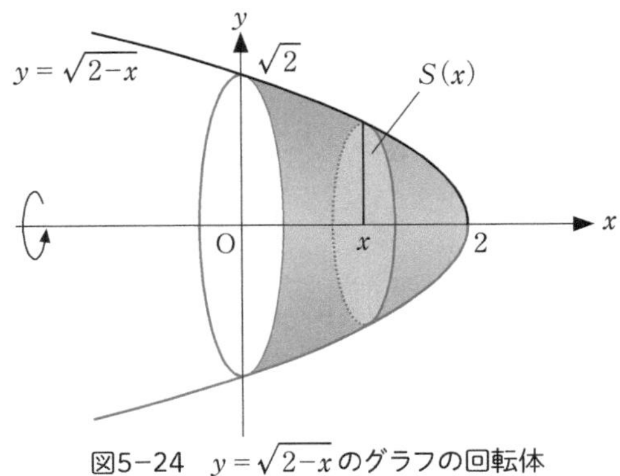

図5−24　$y=\sqrt{2-x}$ のグラフの回転体

軸，y軸とで囲まれた平面図形をx軸のまわりに回転したときに得られる回転体の体積Vを求めてみる。x軸に垂直な切断面のx切片がxのときの断面積$S(x)$は，

$$S(x)=\pi y^2=\pi(\sqrt{2-x})^2 \qquad (5.35)$$

だから，この回転体の体積Vは，

$$\begin{aligned}V&=\int_0^2 S(x)\,dx\\&=\int_0^2 \pi(\sqrt{2-x})^2 dx\\&=\pi\int_0^2 (2-x)\,dx\\&=\pi\left[2x-\frac{1}{2}x^2\right]_0^2\\&=2\pi \qquad (5.36)\end{aligned}$$

となる。

次に，一般的な曲線$y=f(x)$を回転したときに得られる回転体の体積について考えてみよう。

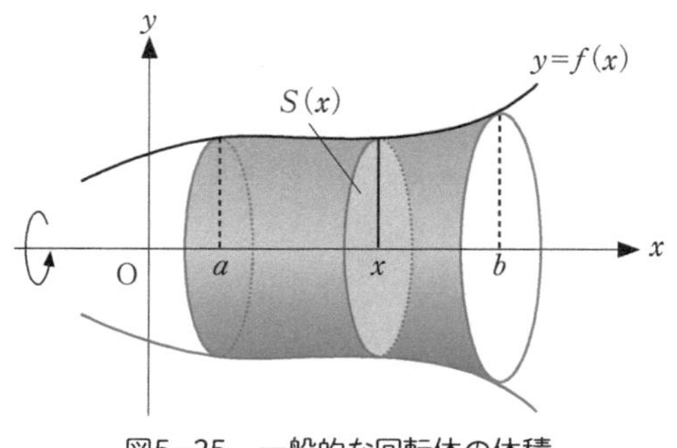

図5−25　一般的な回転体の体積

図5-25に示すように，$y=f(x)$とx軸，２直線$x=a$，$x=b$（$a<b$）で囲まれた平面図形をx軸のまわりに回転したときに得られる立体の体積をVとする。

x軸に垂直な切断面のx切片がxのときの断面積$S(x)$は，半径が$f(x)$の円の面積に等しいから，

$$S(x)=\pi\{f(x)\}^2 \qquad (5.37)$$

である。したがって，

$$V=\int_a^b \pi\{f(x)\}^2 dx$$
$$=\pi\int_a^b \{f(x)\}^2 dx \qquad (5.38)$$

となる。

いままで述べたことから明らかなように，曲線$y=f(x)$の形状がどんなものであれ，積分法で回転体の体積を求めるときの基本になる「回転体の切片xにおける断面形状」は必ず半径$f(x)$の円になる。したがって，その断面積はいつでも式（5.37）で与えられ，体積は式（5.38）で求

められるのである。

5-4 微分と積分は“表裏一体”——不可分なその関係

「足し算・引き算」と同じ関係です

積分の考え方と手法に馴染んだところで，微分と積分の関係についてまとめておこう。

$y=x^n$ を中心におくと，図5-26のような関係がある。また，このような“微分と積分の関係”を一般的に表すと，図5-27ⓐのようになる。これはちょうど，図5-27ⓑに示す“足し算と引き算の関係”に対応する。

つまり，微分と積分は表裏一体なのである。

落下距離・速さ・加速度の関係から「微分・積分」を総まとめする

いま上に述べた“微分と積分の関係”を，209ページ図4-15に示した落下距離，速さ，加速度との関係で確認してみよう。微分と積分の総復習である。

落下距離，速さ，加速度の意味については，第3章で述べたが，ここであらためてまとめておく。

$$速さ=\frac{落下距離}{落下時間}$$

$$加速度=\frac{速さの時間的変化}{時間}$$

この速さ，つまり落下距離と落下時間との関係が，189ページ図4-1のように直線（1次関数）で表される場合は話が簡単だが，190ページ図4-2や195ページ図4-7

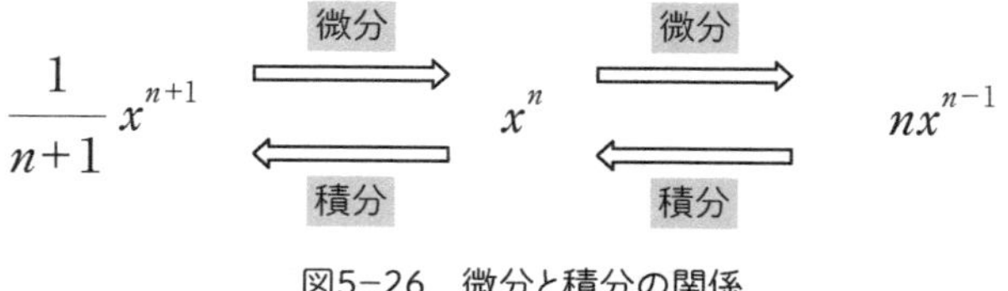

図5−26　微分と積分の関係

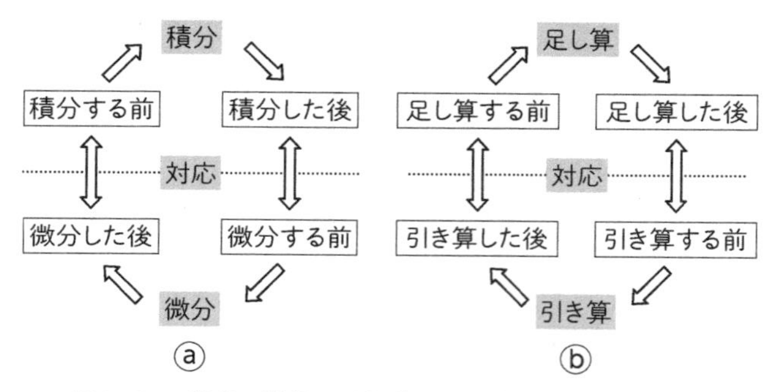

図5−27　積分・微分の関係ⓐと足し算・引き算の関係ⓑ

のような曲線の場合は厄介で，微分の考えが必要とされるのであった。

図４−２は，

$$d=4.9\times t^2 \qquad (3.3)$$

を表すものであるが，これを，

$$d=5x^2 \qquad (5.39)$$

と考えて，この式で表される“落下距離”を出発点として，順次，時間（x）で微分していけば，“速さ”，“加速度”が得られる。逆に，“加速度”を出発点として，順次，時間

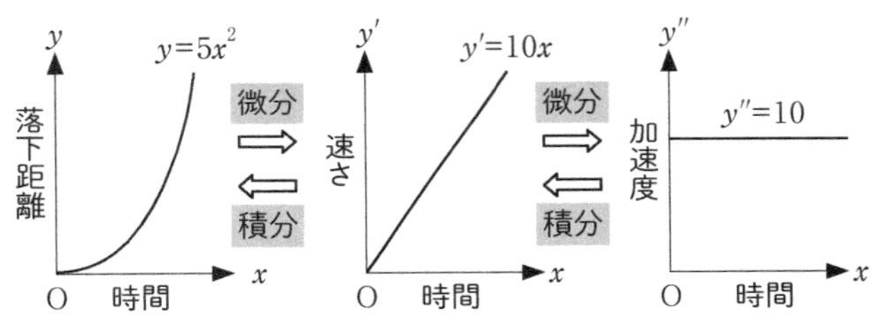

図5−28　落下距離・速さ・加速度の関係

(x) で積分すれば，“速さ”，“落下距離”が得られる。これらの関係をまとめたのが，図5-28である。

微分と積分の“表裏一体”の関係が，はっきりと理解できるであろう。

おわりに

本書をここまで読みきった感想はいかがだろうか。

数学を「面白い」，少なくとも「意外に面白そうだ」と思っていただけただろうか。

もし「そう」であれば，それは，著者としてとても嬉しいのであるが，もちろん，読者の感想は一人ひとり異なるだろう。いずれにしても，「数学」の本を読みきったということに対して，大いなる満足感と爽快感を味わっていただきたいと思う。

本書は，刊行までに3回の校正を経ている。つまり，本書の著者である私は，脱稿してから数えても，最初から最後まで注意深く3回も読み直していることになる。

そのつど，ミスを直し，改良を重ねてきた。同時に，私自身の，本書の内容に対する理解度も増すわけである。

このことから，読者のみなさんにぜひとも申しあげたいのは，たとえ，本書を一度読んだだけで，内容のすべてを理解できなかったとしても，それは当然であるということである。一度で諦めずに，本書を何度も読んでいただきたいのである。

いまさら，こんなことを書くと「話が違うじゃないか」といわれかねないが，正直に申しあげれば，「数学」というものは，軽い気持ちでさっと読んで，さっと理解できるものでも，簡単に身につくものでもない。たとえば，大工道具に代表されるさまざまな道具を使いこなすには，それ相当の努力と訓練が必要なように，「数学」という「道具」，あるいは「外国語」を使えるようになるためには，それ相当の努力と訓練，そしてなによりも興味が必要である。

もちろん，現実的な日常生活の中で，私たちが「数学」に直接的に接することはほとんどないが，ものごとを「筋道立てて考える」「論理的に考える」ことは，日常生活を送るうえでも仕事を進めるうえでも，きわめて重要であり，満足できる結果を得るために大いに役立つものである。

しかし，何事も面白くなければ，楽しくなければ長続きしない。本書中でも述べたように，「数学」は筋道立てて，一歩一歩進んでいく努力さえすれば，それほど難しいものでも，面白くないものでもないのである。そして，「数学」は，そのような努力を通じてこそいっそう興味深いものになっていく奥の深いものだと思う。

一人でも多くの読者に，「数学」を楽しんでいただければ幸いである。

私の，ブルーバックスに対する特別の思い入れについては，『いやでも物理が面白くなる〈新版〉』の「おわりに」に書かせていただいた。私の生涯最後の「数学」に関する著書になるだろう本書をブルーバックスから上梓できることに，感無量である。

本書の刊行に大きな力添えをいただいた講談社ブルーバックス編集部の倉田卓史氏に，あらためて心からの感謝の気持ちを捧げたい。

平成最後の桜の季節

志村史夫

さくいん

〈人名〉

〈アルファベット・数字〉

〈あ行〉

〈か行〉

N.D.C.410　254p　18cm

ブルーバックス　B-2092

いやでも数学（すうがく）が面白（おもしろ）くなる
「勝利の方程式」は解けるのか？

2019年4月20日　第1刷発行
2023年8月7日　第2刷発行

著者　志村史夫（しむらふみお）
発行者　髙橋明男
発行所　株式会社講談社
〒112-8001 東京都文京区音羽2-12-21
電話　出版　03-5395-3524
販売　03-5395-4415
業務　03-5395-3615
印刷所　（本文表紙印刷）株式会社ＫＰＳプロダクツ
（カバー印刷）信毎書籍印刷株式会社
製本所　株式会社ＫＰＳプロダクツ

定価はカバーに表示してあります。

ISBN978−4−06−515487−8

発刊のことば

科学をあなたのポケットに

二十世紀最大の特色は、それが科学時代であるということです。科学は日に日に進歩を続け、止まるところを知りません。ひと昔前の夢物語もどんどん現実化しており、今やわれわれの生活のすべてが、科学によってゆり動かされているといっても過言ではないでしょう。

そのような背景を考えれば、学者や学生はもちろん、産業人も、セールスマンも、ジャーナリストも、家庭の主婦も、みんなが科学を知らなければ、時代の流れに逆らうことになるでしょう。

ブルーバックス発刊の意義と必然性はそこにあります。このシリーズは、読む人に科学的に物を考える習慣と、科学的に物を見る目を養っていただくことを最大の目標にしています。そのためには、単に原理や法則の解説に終始するのではなくて、政治や経済など、社会科学や人文科学にも関連させて、広い視野から問題を追究していきます。科学はむずかしいという先入観を改める表現と構成、それも類書にないブルーバックスの特色であると信じます。

一九六三年九月　　野間省一